Saneamento ambiental

O selo DIALÓGICA da Editora InterSaberes faz referência às publicações que privilegiam uma linguagem na qual o autor dialoga com o leitor por meio de recursos textuais e visuais, o que torna o conteúdo muito mais dinâmico. São livros que criam um ambiente de interação com o leitor – seu universo cultural, social e de elaboração de conhecimentos –, possibilitando um real processo de interlocução para que a comunicação se efetive.

Saneamento ambiental

Raquel Pompeo
Guilherme Samways

EDITORA intersaberes

Rua Clara Vendramin, 58 . Mossunguê
CEP 81200-170 . Curitiba . PR . Brasil
Fone: (41) 2106-4170
www.intersaberes.com
editora@editoraintersaberes.com.br

Conselho editorial
Dr. Ivo José Both (presidente); Dr.ª Elena Godoy;
Dr. Neri dos Santos; Dr. Ulf Gregor Baranow

Editora-chefe
Lindsay Azambuja

Gerente editorial
Ariadne Nunes Wenger

Preparação de originais
Thayana Souza

Edição de texto
Mille Foglie Soluções Editoriais
Floresval Nunes Moreira Junior

Capa
Débora Gipiela (*design*)
Vitaly Korovin, VERSUSstudio, Alexey V Smirnov,
Good Job e Abu Bakar Ali Ashraf/Shutterstock
(imagens)

Projeto gráfico
Allyne Miara

Diagramação
Muse Design

Equipe de *design*
Débora Gipiela

Iconografia
Celia Suzuki e Regina Claudia Cruz Prestes

Dados Internacionais de Catalogação na Publicação (CIP)
(Câmara Brasileira do Livro, SP, Brasil)

Pompeo, Raquel
   Saneamento ambiental/Raquel Pompeo, Guilherme Samways. Curitiba:
Editora InterSaberes, 2020.

   Bibliografia.
   ISBN 978-65-5517-646-9

   1. Água – Aspectos ambientais 2. Desenvolvimento sustentável 3. Políticas
públicas 4. Poluição – Aspectos ambientais 5. Saneamento – Leis e legislação
6. Saneamento ambiental 7. Saúde ambiental I. Samways, Guilherme. II. Título.

20-36993   CDD-363.72

Índices para catálogo sistemático:
1. Saneamento ambiental   363.72

Cibele Maria Dias – Bibliotecária – CRB-8/9427

Foi feito o depósito legal.
1ª edição, 2020.
Informamos que é de inteira responsabilidade dos autores a emissão de conceitos.
Nenhuma parte desta publicação poderá ser reproduzida por qualquer meio ou forma sem a
prévia autorização da Editora InterSaberes.
A violação dos direitos autorais é crime estabelecido na Lei n. 9.610/1998
e punido pelo art. 184 do Código Penal.

Sumário

Apresentação 8
Como aproveitar ao máximo este livro 10

Capítulo 1
Saneamento ambiental e sustentabilidade 16
   1.1 Água: disponibilidade e demanda 19
   1.2 Desenvolvimento sustentável 24
   1.3 Histórico do saneamento, políticas públicas e legislação 27

Capítulo 2
Meio ambiente 46
   2.1 Conceito de meio ambiente 48
   2.2 O planeta Terra 49
   2.3 Poluição ambiental 58

Capítulo 3
Sistemas de abastecimento de água 90
   3.1 Conceitos e princípios 92
   3.2 Aspectos quantitativos da água 95
   3.3 Infraestrutura de sistemas de abastecimento de água 113

Capítulo 4
Sistemas de coleta e tratamento de esgotos sanitários 144
   4.1 Tipologia e sistemas de coleta de esgotos 146
   4.2 Aspectos quantitativos das águas residuárias 150
   4.3 Aspectos qualitativos do esgoto sanitário 152
   4.4 Sistemas individuais de tratamento de esgotos 160

Capítulo 5
Drenagem urbana 186
   5.1 Concepção e planejamento dos sistemas de drenagem urbana 188
   5.2 Processo de urbanização e os impactos sobre a drenagem 191
   5.3 Controles de enchentes 193
   5.4 Medidas estruturais e medidas não estruturais 193
   5.5 Sistemas de drenagem 195

Capítulo 6
Reuso de água   214
    6.1 Conceito e classificações   216
    6.2 Regulamentação e critérios de qualidade   221

Considerações finais   235
Lista de siglas   236
Referências   238
Respostas   247
Sobre os autores   252

Apresentação

As consequências da ação do homem no planeta Terra são pauta de inúmeras discussões e preocupações em todo o mundo. São muitas as informações sobre a poluição dispersa no ar, na água e no solo, causada pelas atividades humanas, a qual acarreta alterações climáticas, epidemias, aumento das incidências de desastres, depleção de recursos naturais, extinção de espécies, enfim, vários efeitos deletérios para a natureza e para a espécie humana. Em razão disso, justifica-se a denominação dada pelos cientistas para o período atual: *antropoceno*, ou seja, a *Era do Homem*. As ações humanas estão provocando tantas transformações que, ainda que a humanidade deixasse de existir no instante em que você lê este livro, não haveria mais como o planeta ser restaurado ao seu estado original.

Ao mesmo tempo, cotidianamente, surgem tecnologias que podem ser utilizadas para minimizar esse problema. Se aplicadas de forma ampla e correta, essas inovações podem reduzir ou até mesmo cessar os processos que causam impactos negativos no planeta.

Como parte das ciências que promovem o bem-estar da população, a melhoria do meio ambiente e a promoção de saúde, o saneamento ambiental engloba todas as áreas do conhecimento humano, em uma inter-relação com um objetivo comum: propiciar um ambiente saudável às futuras gerações.

Neste livro, não pretendemos contemplar todos os aspectos do saneamento ambiental; em verdade, os conteúdos aqui expostos referem-se ao início dos estudos sobre o tema, sendo apresentados de forma simples e concisa. Há um número razoável de publicações relevantes no mercado editorial sobre o assunto; entretanto, em muitas delas o grau de detalhamento é tal que são pouco proveitosas no aprendizado de estudantes das mais diversas áreas do conhecimento. Nosso principal objetivo aqui é que esta obra seja o instrumento de entrada nessa complexa e importante área do conhecimento, estimulando você, leitor, a pesquisar outras fontes científicas mais específicas.

A longa parceria dos autores nas áreas de pesquisa, tecnologia e educação em saneamento ambiental culminou na publicação deste livro, também com o intuito de auxiliar na formação tecnológica proporcionada por institutos, faculdades, centros universitários, cursos profissionalizantes e universidades, podendo ser utilizada como apoio aos professores na aplicação de exercícios e pesquisas estimuladas, apresentados ao longo do texto, tanto em aulas presenciais quanto a distância.

Para a escolha dos temas deste livro, em um primeiro momento, buscamos contemplar as ementas das disciplinas da formação profissional de estudantes de cursos de bacharelado e de tecnologia que têm a área do saneamento ambiental como parte da base curricular.

No primeiro capítulo, introduzimos o tema saneamento ambiental e seus objetivos, que se resumem ao que se chama de *desenvolvimento sustentável*. No segundo capítulo, destacamos a estrutura do planeta Terra e o meio ambiente, abrangendo conceitos e tipos de poluição existentes. No terceiro capítulo, apresentamos os sistemas de abastecimento de água pertinentes às tecnologias empregadas para a promoção do saneamento ambiental. Em seguida, no quarto capítulo, evidenciamos o tratamento dos esgotos gerados pelas atividades humanas. No quinto capítulo, iniciamos a análise da drenagem urbana para, no sexto capítulo, abordar as formas de reutilização da água.

Desejamos que você aproveite ao máximo as informações contidas neste livro e, consequentemente, que esses conhecimentos contribuam para seu crescimento profissional em uma área tão relevante para o desenvolvimento humano.

Boa leitura!

Como aproveitar ao máximo este livro

Empregamos nesta obra recursos que visam enriquecer seu aprendizado, facilitar a compreensão dos conteúdos e tornar a leitura mais dinâmica. Conheça a seguir cada uma dessas ferramentas e saiba como elas estão distribuídas no decorrer deste livro para bem aproveitá-las.

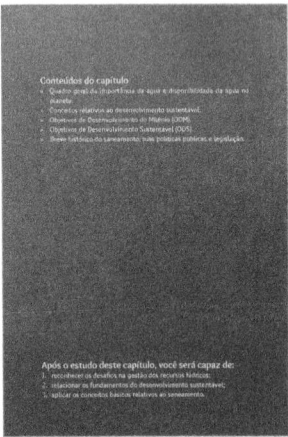

Conteúdos do capítulo

Logo na abertura do capítulo, relacionamos os conteúdos que nele serão abordados.

Após o estudo deste capítulo, você será capaz de

Antes de iniciarmos nossa abordagem, listamos as habilidades trabalhadas no capítulo e os conhecimentos que você assimilará no decorrer do texto.

Introdução do capítulo

Logo na abertura do capítulo, informamos os temas de estudo e os objetivos de aprendizagem que serão nele abrangidos, fazendo considerações preliminares sobre as temáticas em foco.

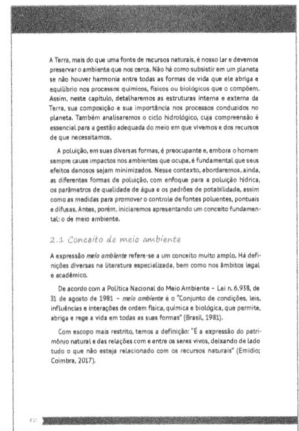

Síntese

Ao final de cada capítulo, relacionamos as principais informações nele abordadas a fim de que você avalie as conclusões a que chegou, confirmando-as ou redefinindo-as.

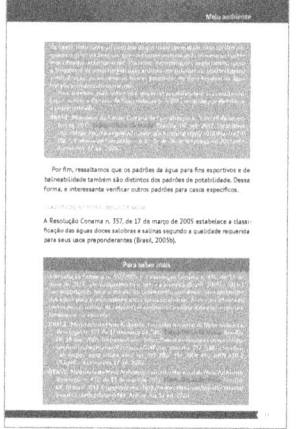

Para saber mais

Sugerimos a leitura de diferentes conteúdos digitais e impressos para que você aprofunde sua aprendizagem e siga buscando conhecimento.

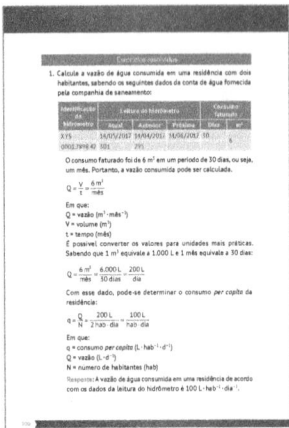

Exercícios resolvidos

Nesta seção, você acompanhará passo a passo a resolução de alguns problemas complexos que envolvem os assuntos trabalhados no capítulo.

Questões para revisão

Ao realizar estas atividades, você poderá rever os principais conceitos analisados. Ao final do livro, disponibilizamos as respostas às questões para a verificação de sua aprendizagem.

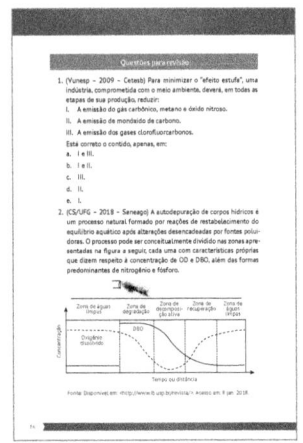

Questões para reflexão

Ao propor estas questões, pretendemos estimular sua reflexão crítica sobre temas que ampliam a discussão dos conteúdos tratados no capítulo, contemplando ideias e experiências que podem ser compartilhadas com seus pares.

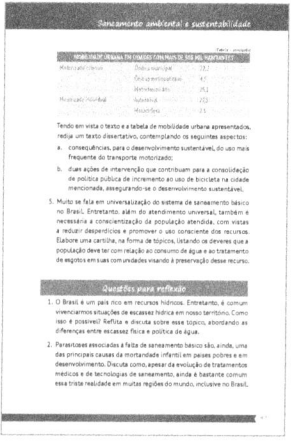

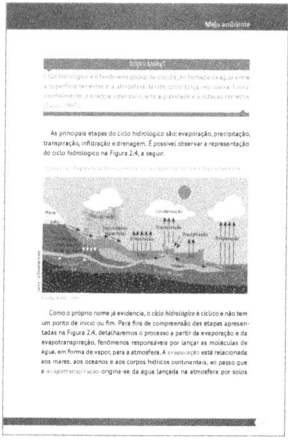

Importante!

Algumas das informações centrais para a compreensão da obra aparecem nesta seção. Aproveite para refletir sobre os conteúdos apresentados.

Curiosidade

Nestes boxes, apresentamos informações complementares e interessantes relacionadas aos assuntos expostos no capítulo.

Capítulo 1

Saneamento ambiental e sustentabilidade

Conteúdos do capítulo

» Quadro geral da importância da água e disponibilidade da água no planeta.
» Conceitos relativos ao desenvolvimento sustentável.
» Objetivos de Desenvolvimento do Milênio (ODM).
» Objetivos de Desenvolvimento Sustentável (ODS).
» Breve histórico do saneamento, suas políticas públicas e legislação.

Após o estudo deste capítulo, você será capaz de:

1. reconhecer os desafios na gestão dos recursos hídricos;
2. relacionar os fundamentos do desenvolvimento sustentável;
3. aplicar os conceitos básicos relativos ao saneamento.

O saneamento ambiental abrange uma gama bastante extensa de conhecimentos, e seu vínculo com a sustentabilidade é notório. Isso porque, ao se abordar o tema saneamento, não é possível desvinculá-lo de um dos recursos essenciais à sobrevivência humana: a água. Dessa forma, iniciaremos o presente capítulo apresentando os principais conceitos relativos a esse precioso recurso. Em seguida, analisaremos o ciclo hidrológico, que permite a renovação da água no planeta. Ainda, comentaremos os problemas de ordem física e política associados à escassez hídrica em todo o mundo

Na sequência, discutiremos os conceitos relativos ao desenvolvimento sustentável. Afinal, muito se fala sobre sustentabilidade, mas como ela pode impactar, de fato, o desenvolvimento econômico e social dos países? A resposta a essa pergunta pode ser encontrada nos Objetivos de Desenvolvimento do Milênio (ODM), estabelecidos pela Organização das Nações Unidas (ONU) e examinados neste capítulo.

Nas últimas décadas, a sustentabilidade, ainda que timidamente, vem assumindo papel norteador das tomadas de decisões em várias nações. A desigualdade e os problemas ambientais e sociais, entretanto, têm se agravado no planeta. Para propor soluções a esse problema e tornar a sustentabilidade menos abstrata e mais voltada à efetiva resolução de problemas, em 2015, a ONU estabeleceu a Agenda 2030, com 17 objetivos e 169 metas, os quais devem ser priorizados para que os países se desenvolvam de forma mais equilibrada e sustentável. Entre eles destaca-se o Objetivo 6, que visa prover água potável e saneamento básico a populações que ainda não têm acesso a esses recursos. Dada sua relevância, encerraremos o capítulo abordando esse tema, comtemplando o histórico e a legislação pertinente ao saneamento ambiental.

1.1 Água: disponibilidade e demanda

A água é de grande importância para o planeta. De fato, mais de 70% da superfície da Terra é recoberta por água. Do total da porção de água, a maior parte (97%) é formada por mares e oceanos; o restante (3%) corresponde a geleiras, águas subterrâneas, rios, lagos e água dispersa na atmosfera, o que equivale a um volume de 35.000.000 m^3 (35 milhões de metros cúbicos) de água doce.

A maior parte da água doce, entretanto, encontra-se em geleiras situadas na Antártida e na Groelândia, e em aquíferos localizados a mais de 1.000 m de profundidade. Assim, a água doce disponível para o uso no planeta equivale a, aproximadamente, 100.000 km^3 (0,8%); sendo 97% de águas subterrâneas e apenas 3% de fontes superficiais (Sperling, 2005).

A distribuição da água no planeta ocorre de forma desigual, e a escassez hídrica assola diversas partes do mundo. O modo mais utilizado para avaliar a disponibilidade de água é o índice de estresse hídrico *(water stress index)*, proposto pela sueca Malin Falkenmark (1989). Tal índice revela o volume de recursos hídricos renováveis anuais *per capita* disponível para suprir as necessidades nos usos domésticos, industriais e agrícolas. O volume de 1.700 m^3 *per capita* ao ano foi proposto como o valor mínimo em que pode haver impedimento do desenvolvimento e efeitos adversos à saúde humana, considerando-se as avaliações de estresse hídrico em cidades de zonas áridas. Abaixo de 1.000 m^3 *per capita* ao ano, ocorre escassez crônica de água; em quantidades inferiores a 500 m^3 *per capita* ao ano, há estresse hídrico absoluto; e 100 m^3 *per capita* ao ano é o menor nível de sobrevivência para usos doméstico e comercial.

O World Resources Institute (Instituto de Recursos Mundiais) realizou um estudo sobre o nível de estresse hídrico estimado para o ano de 2040 em âmbito mundial. As categorias foram estabelecidas de acordo com a taxa de retirada de água e a respectiva disponibilidade: a categoria mais baixa corresponde a uma taxa de até 10%, e a categoria extremamente alta equivale a uma taxa superior a 80% (Figura 1.1).

Figura 1.1 – Nível de estresse hídrico estimado para 2040, conforme o cenário atual de consumo de água

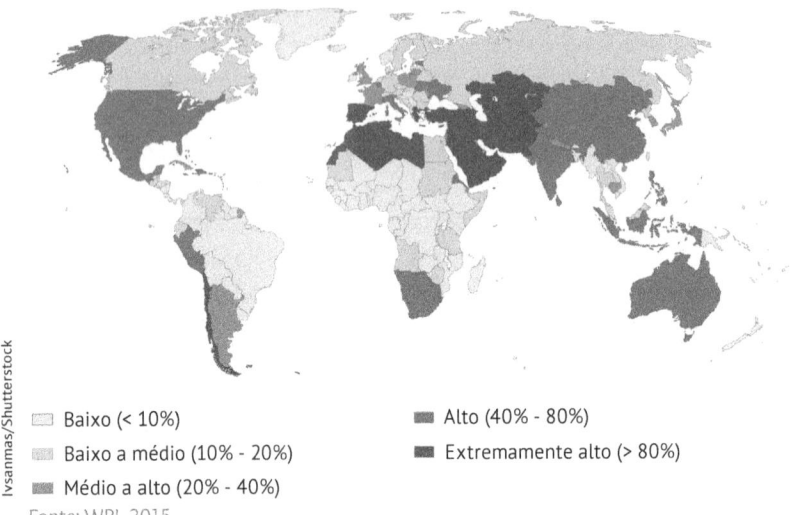

Baixo (< 10%)
Baixo a médio (10% - 20%)
Médio a alto (20% - 40%)
Alto (40% - 80%)
Extremamente alto (> 80%)

Fonte: WRI, 2015.

Ivsanmas/Shutterstock

Como é possível observar na Figura 1.1, o Brasil é um país privilegiado quanto às reservas de água e apresenta uma baixa taxa de estresse hídrico (< 10%), o que equivale à disponibilidade média de 35.000 m^3 por habitante ao ano. De fato, a maior parte da água doce disponível no mundo localiza-se no Brasil, o que corresponde a 12% do total do planeta.

No território brasileiro, três bacias hidrográficas são responsáveis por 80% da produção hídrica nacional, a saber: Bacia Amazônica, Bacia do Rio São Francisco e Bacia do Rio Paraná. Entre estas, a Amazônica (Figura 1.2) é a que mais contribui para a produção hídrica do país, com 78%. Entretanto, a densidade populacional da região varia de 2 a 7 hab·km^{-2} (habitantes por quilômetro quadrado). Por sua vez, a região da Bacia do Rio São Francisco contribui com apenas 1,7% da produção hídrica total; sua densidade populacional, porém, varia de 5 a 25 hab·km^{-2}. Já a produção hídrica da Bacia do Rio Paraná é de aproximadamente igual a 6%, com a densidade populacional na região variando entre 25 e 100 hab·km^{-2} (média de 53 hab·km^{-2}) (Branco, 2006).

Figura 1.2 – Vista aérea de um trecho da Bacia Amazônica: apesar da elevada disponibilidade hídrica, a região abrangida pela bacia apresenta a menor densidade demográfica do país

Gustavo Frazao/Shutterstock

Assim, ainda que o território brasileiro não apresente escassez física de água, muitas regiões sofrem com estresse hídrico em razão da distribuição desigual da população no país. O problema é acentuado por condições climáticas adversas, como nas regiões Norte e Nordeste, e pela alta densidade populacional, como no estado de São Paulo, intensificando o quadro de défice hídrico. Com efeito, esse estado do Sudeste, onde reside cerca de 22% da população brasileira, tem 1,6% da água superficial disponível, o equivalente a 2.209 m^3 de água por habitante no ano.

As cidades tendem a crescer concomitantemente com o avanço progressivo da mancha urbana[1], é o que se pode observar na maior parte das aglomerações urbanas que se expandem. A concentração populacional também está associada a fortes centralizações políticas e/ou econômicas, relacionadas com a forma característica das metrópoles industriais modernas.

---

1 Aglomerações urbanas em áreas predominantemente rurais.

A relação entre população e superfície do território medida pela é densidade demográfica (ou *densidade populacional* ou, ainda, *população relativa*), e é expressa pela unidade habitantes por quilômetro quadrado (hab · km^{-2}). Na Tabela 1.1, são apresentadas as unidades federativas do Brasil e as respectivas população, área e densidade demográfica, segundo levantamento de agosto de 2017.

Tabela 1.1 – Densidade demográfica das unidades federativas do Brasil, em 2017

Posição	Unidade federativa	População (hab)	Área (km²)	Densidade demográfica (hab · km^{-2})
1	Distrito Federal	3.039.444	5.779,997	525,86
2	Rio de Janeiro	16.718.956	43.781,588	381,87
3	São Paulo	45.094.866	248.219,627	181,67
4	Alagoas	3.375.823	27.848,14	121,22
5	Sergipe	2.288.116	21.918,443	104,39
6	Pernambuco	9.473.266	98.076,021	96,59
7	Espírito Santo	4.016.356	46.086,907	87,15
8	Santa Catarina	7.001.161	95.737,954	73,13
9	Paraíba	4.025.558	56.468,435	71,29
10	Rio Grande do Norte	3.507.003	52.811,107	66,41
11	Ceará	9.020.460	148.887,633	60,59
12	Paraná	11.320.892	199.307,939	56,80
13	Rio Grande do Sul	11.322.895	281.737,888	40,19
14	Minas Gerais	21.119.536	586.520,732	36,01
15	Bahia	15.344.447	564.732,45	27,17
16	Maranhão	7.000.229	331.936,949	21,09
17	Goiás	6.778.772	340.106,492	19,93
18	Piauí	3.219.257	251.611,929	12,79
19	Mato Grosso do Sul	2.713.147	357.145,531	7,60
20	Rondônia	1.805.788	237.765,293	7,59
21	Pará	8 366 628	1.247.955,238	6,70

(continua)

(Tabela 1.1 – conclusão)

Posição	Unidade federativa	População (hab)	Área (km²)	Densidade demográfica (hab · km⁻²)
22	Amapá	797.722	142.828,521	5,59
23	Tocantins	1.550.194	277.720,412	5,58
24	Acre	829.619	164.123,737	5,05
25	Mato Grosso	3.344.544	903.202,446	3,70
26	Amazonas	4.063.614	1.559.146,876	2,61
27	Roraima	522.636	224.300,805	2,33

Fonte: Elaborado com base em IBGE, 2017a.

Como evidencia a Tabela 1.1, os estados mais povoados, isto é, que apresentam maior densidade demográfica, encontram-se nas regiões Sul, Sudeste e Nordeste, justamente as áreas com menor disponibilidade hídrica do país. Por sua vez, os estados da região Norte, cujo estresse hídrico é reduzido, são aqueles que apresentam a menor densidade populacional.

A densidade populacional em uma bacia hidrográfica é o fator que melhor expressa a relação entre a expansão urbana e os impactos diretos e indiretos sobre a disponibilidade quantitativa e qualitativa dos recursos hídricos. Quanto maior a densidade populacional, maior é a demanda por abastecimento de água da respectiva população e, consequentemente, o volume de resíduos e efluentes gerados também é proporcional. Assim, o impacto sobre a cobertura natural existente é maior, ocorrendo aumento da impermeabilização do solo, o que gera a redução da recarga local dos aquíferos subterrâneos e a intensificação das cheias.

Para saber mais

Acesse os mapas interativos sobre recursos hídricos disponíveis no *site* da Agência Nacional de Águas e Saneamento Ambiental (ANA). São eles:
a) Relação entre demandas consuntivas e oferta hídrica (balanço hídrico quantitativo).
b) Capacidade de assimilação dos corpos de água (balanço hídrico qualitativo).
c) Balanço hídrico integrado (aspectos de quantidade e qualidade).
d) Bacias e trechos de especial interesse para a gestão de recursos hídricos (bacias críticas).
BRASIL. Agência Nacional de Águas. **Balanço hídrico**. Disponível em: <http://www3.ana.gov.br/portal/ANA/panorama-das-aguas/balanco-hidrico>. Acesso em: 15 jul. 2020.

Compreender a evolução das densidades populacionais nas bacias e sub-bacias e sua relação com os impactos sobre a disponibilidade de recursos hídricos é de grande importância para aferir a qualidade ambiental e embasar a gestão de tais redes hidrográficas.

Altas densidades demográficas têm efeitos diretos sobre a infraestrutura urbana, exigindo redes de transportes e de energia, bem como serviços de saúde e de saneamento, capazes de atender adequadamente à população crescente. Um crescimento populacional exacerbado pode acarretar problemas de sustentabilidade ambiental, a exemplo da disposição final de resíduos em lixões ou dos lançamentos de efluentes em corpos de água que comprometem sua qualidade.

1.2 Desenvolvimento sustentável

O conceito de desenvolvimento sustentável surgiu em 1983, com a divulgação de estudos da ONU – organização internacional fundada em 1945, formada pela união de países que, após a Segunda Guerra Mundial, comprometeram-se a lutar pela paz e pelo desenvolvimento mundial.

Em 1983, foi criada a Comissão Mundial para o Meio Ambiente e Desenvolvimento (CMMAD), também conhecida como *Comissão de Brundtland*, presidida pela norueguesa Gro Harlem Brundtland e responsável por elaborar um relatório que ficou conhecido como *Our Common Future* (Nosso Futuro Comum). Esse relatório foi fundamental para qualificar o meio ambiente como um direito difuso e determinar que ele deve ser preservado para o benefício de todos. Outra contribuição importante foi introduzir o conceito de desenvolvimento sustentável mais aceito atualmente.

De acordo com o Relatório de Bruntland, o *desenvolvimento sustentável* é aquele que atende às necessidades do presente sem comprometer as possibilidades de as gerações futuras suprirem suas próprias necessidades (Brundtland, 1987).

Assim, o desenvolvimento sustentável deve abarcar situações relacionadas à distribuição de renda, à pobreza, às imperfeições dos mercados, à degradação ambiental etc., na busca pelo equilíbrio entre as necessidades humanas e a exploração de recursos naturais, preservando a capacidade regenerativa do meio.

Saneamento ambiental e sustentabilidade

Em setembro de 2000, uma reunião na sede das Nações Unidas com os líderes mundiais de 189 países-membros da ONU culminou na Declaração do Milênio. Por meio dela, em uma nova parceria global, as nações signatárias comprometeram-se a reduzir a pobreza extrema, que acometia cerca de 1 bilhão de pessoas à época. Então, foram adotados os 8 Objetivos de Desenvolvimento do Milênio (ODM), compostos por 22 metas, que têm como proposta a promoção da dignidade humana e o enfrentamento simultâneo da pobreza, da fome, das doenças, do analfabetismo, da degradação ambiental e da discriminação contra as mulheres. O prazo estabelecido para o alcance dos objetivos e o enfrentamento desses problemas foi o ano de 2015 (PNUD Brasil, 2015). A seguir, listamos os 8 ODM:

1) Redução da pobreza
2) Atingir o ensino básico universal
3) Igualdade entre os sexos e a autonomia das mulheres
4) Diminuir a mortalidade na infância
5) Melhorar a saúde materna
6) Combater o HIV/Aids, a malária e outras doenças
7) Garantir a sustentabilidade ambiental
8) Estabelecer uma Parceria Mundial para o Desenvolvimento (PNUD Brasil, 2015)

Na Conferência das Nações Unidas sobre Desenvolvimento Sustentável, que ficou conhecida como Rio+20, realizada em 2012, os ODM foram revistos para que, em 2015, se adotasse uma perspectiva mais ampla de sustentabilidade. Durante a Cúpula de Desenvolvimento Sustentável, em setembro de 2015, o Brasil, em conjunto com 192 países, comprometeu-se com a nova agenda sustentável da ONU, a **Agenda 2030**. Ela consiste em uma declaração com 17 Objetivos de Desenvolvimento Sustentável (ODS) e suas 169 metas. O documento ainda contém uma seção sobre meios de implementação e parcerias globais, além de um roteiro para acompanhamento e revisão. Os ODS e suas metas são acompanhados por meio de indicadores.

As metas brasileiras foram readequadas às prioridades do país, levando em conta estratégias, planos e programas nacionais. Assim, das 167 metas consideradas, 124 foram alteradas, visando a uma adequação à realidade do país. Como exemplo, a meta global de uma taxa de mortalidade materna de, no máximo, 70 mortes para cada 100 mil nascidos vivos foi alterada para um máximo de 30 mortes por 100 mil nascidos vivos, meta já atingida pelo país.

Para o escopo desta obra, entre os ODS destaca-se o Objetivo 6, que consiste em assegurar a disponibilidade e a gestão sustentável da água, bem como o saneamento para todos. Para alcançar esse objetivo, foram definidas algumas metas, que devem ser cumpridas até o ano de 2030, a seguir listadas:

6.1 Até 2030, alcançar o acesso universal e equitativo a água potável e segura para todos

6.2 Até 2030, alcançar o acesso a saneamento e higiene adequados e equitativos para todos, e acabar com a defecação a céu aberto, com especial atenção para as necessidades das mulheres e meninas e daqueles em situação de vulnerabilidade

6.3 Até 2030, melhorar a qualidade da água, reduzindo a poluição, eliminando despejo e minimizando a liberação de produtos químicos e materiais perigosos, reduzindo à metade a proporção de águas residuárias não tratadas e aumentando substancialmente a reciclagem e reutilização segura globalmente

6.4 Até 2030, aumentar substancialmente a eficiência do uso da água em todos os setores e assegurar retiradas sustentáveis e o abastecimento de água doce para enfrentar a escassez de água, e reduzir substancialmente o número de pessoas que sofrem com a escassez de água

6.5 Até 2030, implementar a gestão integrada dos recursos hídricos em todos os níveis, inclusive via cooperação transfronteiriça, conforme apropriado

6.6 Até 2020, proteger e restaurar ecossistemas relacionados com a água, incluindo montanhas, florestas, zonas úmidas, rios, aquíferos e lagos

6.a Até 2030, ampliar a cooperação internacional e o apoio à capacitação para os países em desenvolvimento em atividades e programas relacionados à água e saneamento, incluindo a coleta de água, a dessalinização, a eficiência no uso da água, o tratamento de efluentes, a reciclagem e as tecnologias de reuso

6.b Apoiar e fortalecer a participação das comunidades locais, para melhorar a gestão da água e do saneamento

Fonte: Nações Unidas Brasil, 2015.

As metas elencadas visam reduzir os problemas de saúde e ambientais decorrentes da falta de saneamento básico e ambiental. De fato, além dos índices alarmantes de contaminação de corpos hídricos, muitos países pobres ou em desenvolvimento carecem de sistema adequado de fornecimento de água potável e coleta de esgotos e resíduos sólidos. Como consequência, esses países apresentam elevadas taxas de mortalidade, principalmente infantil, por doenças como cólera, amebíase e hepatite A (Cheng et al., 2012).

O direito à água potável e ao saneamento já havia sido reconhecido em 2010 pela ONU, em sua Resolução n. 64/292, como um direito humano essencial. O documento definiu esses recursos como fundamentais para o pleno desfrute da vida e de todos os direitos humanos. Até aquele momento, aproximadamente 884 milhões de pessoas não tinham acesso à água potável e mais de 2,6 bilhões de pessoas careciam de acesso ao saneamento básico (UN, 2015).

Isso reforça a concepção de Sachs (2007), para quem o desenvolvimento sustentável deve compreender tanto as problemáticas relacionadas ao meio ambiente quanto as questões econômicas e sociais, tendo como objetivos centrais do modelo de desenvolvimento a elevação da qualidade de vida e a equidade social.

1.3 Histórico do saneamento, políticas públicas e legislação

Etimologicamente, a palavra *saneamento* deriva do latim *sanu* e pode apresentar sentidos diversos, entre os quais aqui nos interessa os que seguem: 1) tornar são, habitável ou respirável; 2) curar, sarar, sanar; 3) remediar, reparar (Moraes; Borja, 2007).

A busca por proteção coletiva aos dejetos humanos remonta à Antiguidade. Há relatos de cerca de 3.000 anos a.C. e registros arqueológicos que apontam a existência de banheiros, redes de esgoto, drenagem e aquedutos em diversas civilizações antigas (Figura 1.3). Em Nipur (Índia) e na Babilônia, foram encontradas galerias de esgotos construídas em 3750 a.C. e há indícios do uso de manilhas cerâmicas em 3100 a.C. (Azevedo Netto; Fernández, 2018). Na Roma Imperial, havia ligações diretas entre os canais de esgoto e as casas. Na Assíria, foi construído o primeiro sistema público de abastecimento, o Aqueduto de Jerwan, em 691 a.C. (Azevedo Netto; Fernández,

2018). Foi necessário elevar o Rio Eufrates para que a água gerasse energia para a manutenção dos Jardins Suspensos da Babilônia. Até esse período, as medidas quanto ao saneamento estavam relacionadas à canalização, à distribuição e ao armazenamento de água.

Figura 1.3 – Aqueduto construído pelo Império Romano no século II, o qual abastecia cidades gregas antigas como Nicópolis e Louros

kostasgr/Shutterstock

Posteriormente, práticas sanitárias e higiênicas implementadas com vista à prevenção de doenças foram introduzidas estritamente para uma pequena parcela de indivíduos, classificados como *elite intelectual*, não sendo expandidas a toda a sociedade. Assim, houve um retrocesso e, na Idade Média, o consumo de água e as práticas sanitárias eram muito escassos, contribuindo para a propagação da peste bubônica, responsável por dizimar 25% da população europeia no período de 1347-1351 (Pereira; Lima; Rezende, 2018).

Após a ocorrência de grandes epidemias no medievo, cresceu a preocupação com as medidas sanitárias. As primeiras relações entre doenças e falta de saneamento foram estabelecidas por povos antigos, que as associavam à ira divina, como punição pela ausência de cuidados com a higiene (Rezende; Heller, 2008). Durante a era greco-romana, os gregos foram os precursores da saúde pública, correlacionando saúde e saneamento, e os romanos iniciaram a utilização de técnicas de construção para edificar sistemas de saneamento robustos para a época. Durante o século XIX, a cólera já era associada às condições sanitárias em razão da evolução da ciência, com o desenvolvimento da microbiologia e da epidemiologia (Rezende; Heller, 2008). Essa retomada histórica demonstra que a ideia de saneamento foi sendo construída em diferentes contextos social, cultural, político e econômico da história humana.

No período colonial brasileiro, a economia era baseada na exploração dos recursos naturais, com poucas ações sanitárias. Muitas vilas instalavam-se nas proximidades de riachos, nascentes e ribeirões. A saúde era precária, e as populações criavam alternativas para obter água. O primeiro aqueduto no Brasil foi construído em 1723, no Rio de Janeiro, e transportava água captada do Rio Carioca até um chafariz no Largo da Carioca (Figura 1.4). A partir desse momento o sistema foi sendo aperfeiçoado e passou a ser adotado em outras cidades do país.

Figura 1.4 – Aqueduto da Carioca (Arcos da Lapa), construído na primeira metade do século XVIII na cidade do Rio de Janeiro, Brasil

Rafel/Shutterstock

A chegada da Família Imperial ao Rio de Janeiro, em 1808, provocou transformações urbanísticas na cidade e em outras regiões brasileiras. Até meados do século XIX, os serviços de infraestrutura, de abastecimento de água e de esgotamento sanitário eram precários (Costa, 1994).

Na segunda metade do século XIX, com o avanço do êxodo rural no Brasil, os centros urbanos em formação apresentavam condições propícias às doenças epidêmicas. Surgiram, então, os primeiros serviços de saneamento no país. Nos maiores centros urbanos, a prestação de serviços públicos, incluindo o abastecimento de água e o esgotamento sanitário, eram delegados pelo Estado às concessionárias estrangeiras.

Na década de 1910, estabeleceram-se políticas nacionais visando aprimorar a qualidade dos serviços prestados por empresas privadas. Foi assim até meados do século XX, quando, diante da omissão dessas empresas em implementar melhorias, todas as concessões foram canceladas. Nesse período, destaca-se o sanitarista brasileiro Oswaldo Cruz, que, apesar da resistência inicial da população brasileira, conseguiu implementar medidas efetivas de combate a doenças como a varíola e a febre amarela, priorizando a vacinação e a higiene adequada nos centros urbanos. A Figura 1.5, ao lado, apresenta uma charge que ilustra a atuação do sanitarista no período.

Figura 1.5 – Charge sobre Oswaldo Cruz e a campanha sanitária empreendida por ele sob o título "Effeitos da Varíola"

Fonte: Fiocruz, 2017.

Acervo da Casa de Oswaldo Cruz

Em 1942, o setor da saúde foi inserido na política de saneamento, tendo sido criado o Serviço Especial de Saúde Pública (Sesp), originário de um programa de financiamento e assistência técnica do governo estadunidense, a fim de garantir salubridade na exploração de materiais econômicos durante a Segunda Guerra Mundial. Na década de 1950, o Sesp começou a assinar convênios com os municípios para construção, financiamento e operação de sistemas de água e esgotos, dando origem aos serviços autárquicos no país. Em 1960, o órgão foi elevado a Fundação Sesp, que, em 1991, foi fundida com a Superintendência de Campanhas de Saúde Pública (Sucam). Essa união deu origem à atual Fundação Nacional da Saúde (Funasa), uma instituição pública federal vinculada ao Ministério da Saúde (Brasil, 2017a).

Na década de 1970, foi implementado o Plano Nacional de Saneamento Básico (Planasa), que deu início às políticas de saneamento no país buscando solucionar o défice em abastecimento de água e esgotamento sanitário. Em razão da acentuação de tais índices deficitários, o plano foi reconhecido como o grande marco do saneamento. Os recursos do governo federal foram empregados mediante as aplicações do Banco Nacional de Habitação (BNH) e do Fundo de Garantia do Tempo de Serviço (FGTS). Foram criadas as Companhias Estaduais de Saneamento Básico (Cesb), resultando em 26 companhias regionais, que se tornaram executoras do Planasa.

Importante!

Andrade (2016) esclarece o conceito de políticas públicas:

> Conforme definição corrente, políticas públicas são conjuntos de programas, ações e decisões tomadas pelos governos (nacionais, estaduais ou municipais) com a participação, direta ou indireta, de entes públicos ou privados que visam assegurar determinado direito de cidadania para vários grupos da sociedade ou para determinado segmento social, cultural, étnico ou econômico. Ou seja, correspondem a direitos assegurados na Constituição.

As políticas públicas são, portanto, organizadas por instrumentos de planejamento, execução, monitoramento e avaliação, de forma integrada e lógica, por meio de planos, programas, ações e atividades.

Para Rezende e Heller (2008), no entanto, é atribuído também ao Planasa o agravamento da exclusão sanitária, uma vez que parte da população marginalizada, como os indivíduos residentes em favelas, periferias e áreas rurais, não usufruíam desses benefícios.

Com a extinção do BNH, em 1986, o principal financiador do Planasa, o programa entrou em declínio e, na década de 1990, foi criado o Programa de Modernização do Setor de Saneamento (PMSS), com recursos oriundos do Banco Mundial.

Assim, em 13 de fevereiro de 1995, o governo do presidente Fernando Henrique Cardoso sancionou a Lei n. 8.987, conhecida como *Lei das Concessões*, permitindo a prestação de serviços públicos pela iniciativa privada (Brasil, 1995a). Nesse mesmo ano, foi sancionada a Lei n. 9.074, de 7 de julho de 1995 (Brasil, 1995b), que estabeleceu as diretrizes para as concessões dos serviços de saneamento básico e limpeza urbana (Pena; Abicalil, 1999). A proposição de dois projetos de lei do Senado (PLS) também viabilizaria a privatização do setor: o PLS n. 266/1996 e o PLS n; 4.147/2001. Esses projetos eram embasados na premissa de que a transferência da titularidade sobre a prestação desses serviços, dos municípios para os estados, daria aos investidores a segurança jurídica que precisavam para a aquisição das companhias estaduais de água e esgoto (Sousa; Costa, 2011).

Em 2003, o setor de saneamento básico teve nova atenção, tanto no campo institucional quanto no político, passando a tarefa central para a reorganização do setor vinculado ao Ministério das Cidades. A responsabilidade da coordenação das ações de saneamento básico, para assegurar à população os direitos humanos fundamentais, ficou ao encargo da Secretaria Nacional de Saneamento Ambiental (SNSA). Desse modo, foi formulada a política pública de saneamento básico, culminando com a aprovação da Lei n. 11.445, de 5 de janeiro de 2007 – Lei de Diretrizes Nacionais para o Saneamento Básico (LDNSB) (Brasil, 2007). O Ministério das Cidades configurou-se, então, no principal gestor dos programas e ações de saneamento básico no Brasil no campo das intervenções do governo federal (CNI, 2014)

A Lei n. 11.445/2007 é considerada o marco regulatório do setor, uma vez que estabeleceu as diretrizes nacionais para o saneamento básico, determinando que a União elaborasse o Plano Nacional de Saneamento Básico. A norma regulariza prática com abrangência universal do acesso, da integralidade e intersetorialidade e da participação social. A partir da edição dessa lei, o conceito de saneamento básico foi ampliado, incorporando outros serviços.

A LDNSB contempla as diretrizes para a criação dos planos de saneamento básico para os municípios sob uma visão integrada de seus componentes, abrangendo o abastecimento de água, o esgotamento sanitário, a drenagem urbana, o manejo de resíduos sólidos e a limpeza urbana.

Nesse contexto, o art. 3º, inciso I, da Lei n. 11.445/2007 prevê as seguintes definições:

> Art. 3º Para os efeitos desta Lei, considera-se:
>
> I– **saneamento básico**: conjunto de serviços, infraestruturas e instalações operacionais de:
>
> a) **abastecimento de água potável**: constituído pelas atividades, infraestruturas e instalações necessárias ao abastecimento público de água potável, desde a captação até as ligações prediais e respectivos instrumentos de medição;
>
> b) **esgotamento sanitário**: constituído pelas atividades, infraestruturas e instalações operacionais de coleta, transporte, tratamento e disposição final adequados dos esgotos sanitários, desde as ligações prediais até o seu lançamento final no meio ambiente;
>
> c) **limpeza urbana e manejo de resíduos sólidos**: conjunto de atividades, infraestruturas e instalações operacionais de coleta, transporte, transbordo, tratamento e destino final do lixo doméstico e do lixo originário da varrição e limpeza de logradouros e vias públicas;
>
> d) **drenagem e manejo das águas pluviais, limpeza e fiscalização preventiva das respectivas redes urbanas**: conjunto de atividades, infraestruturas e instalações operacionais de drenagem urbana de águas pluviais, de transporte, detenção ou retenção para o amortecimento de vazões de cheias, tratamento e disposição final das águas pluviais drenadas nas áreas urbanas; (Brasil, 2007, grifo nosso)

Recentemente foi sancionada a Lei n. 14.026, de 15 de julho de 2020, que estabelece o Novo Marco do Saneamento, cujas principais alterações são a previsão da universalização dos serviços de água e esgoto até 2033, a viabilização de injeção de mais investimentos privados nos serviços de saneamento, a inclusão da regulação dos serviços públicos de saneamento básico no escopo da ANA que passa a se chamar Agência Nacional de Águas e Saneamento Básico.

O saneamento ambiental tem como propósito, então, ampliar os serviços, fundamentalmente em saúde pública, a fim de alcançar níveis crescentes de salubridade ambiental.

> Saneamento ambiental envolve o conjunto de ações técnicas e socioeconômicas, entendidas fundamentalmente como de saúde pública, tendo por objetivo alcançar níveis crescentes de salubridade ambiental, compreendendo o abastecimento de água em quantidade e dentro dos padrões de potabilidade vigentes, o manejo de esgotos sanitários, de águas pluviais, de resíduos sólidos e emissões atmosféricas, o controle ambiental de vetores e reservatórios de doenças, a promoção sanitária e o controle ambiental do uso e ocupação do solo e prevenção e controle do excesso de ruídos, tendo como finalidade promover e melhorar as condições de vida urbana e rural. (Brasil, 2005a, p. 17)

Em 2013, segundo dados do Instituto Brasileiro de Geografia e Estatística (IBGE, 2018), 70,6% dos domicílios particulares permanentes urbanos contavam com saneamento adequado. O IBGE considera adequado o saneamento nos domicílios em que há simultaneidade no acesso ao abastecimento de água por rede geral, esgotamento sanitário por rede coletora (direta ou via fossa séptica ligada à rede), bem como coleta de lixo. Os principais indicadores de sustentabilidade ambiental estão associados à condição de pobreza da população. Destacam-se as diferenças regionais muito significativas nesse indicador, apontando maior défice na região Norte, seguida da região Nordeste.

Para saber mais

No Brasil, a região Norte é a que apresenta o menor percentual, 20,3%, de municípios atendidos com sistema de coleta de esgoto ou fossas ligadas à rede, seguida pela região Nordeste, com 45,1% (IBGE, 2017b). A ligação à rede geral de distribuição de água também é precária na região Norte, com apenas 59,2% dos municípios atendidos, percentual bem inferior à média nacional, de 85,7%. Nessa região, parte da população faz uso de poços artesianos ou cacimbas para a obtenção de água potável.

A falta de infraestrutura adequada nas regiões Norte e Nordeste do país, tanto para coleta e tratamento de esgoto quanto para tratamento e distribuição de água potável, é reflexo dos baixos investimentos públicos e privados nesse setor, bem como da fragmentação das políticas de saneamento. Os maiores

> índices de óbitos de crianças com menos de 5 anos de idade no Brasil são registrados nessas regiões, sendo esse o principal indicador das condições sanitárias às quais a população está exposta.
> Saiba mais sobre os desafios do saneamento brasileiro em:
>
> LEONETI, A. B.; PRADO, E. L. do; OLIVEIRA, S. V. W. B. de. Saneamento básico no Brasil: considerações sobre investimentos e sustentabilidade para o século XXI. **Revista de Administração Pública**, v. 45, n. 2, p. 331-348, mar./abr. 2011. Disponível em: <http://bibliotecadigital.fgv.br/ojs/index.php/rap/article/view/6995>. Acesso em: 16 jul. 2020.

Considerando os estados do Amapá e do Piauí na região Norte, 97,6% e 95,2% dos domicílios urbanos, respectivamente, não contavam com saneamento adequado em 2013. Défices elevados também foram observados em Rondônia (86,1%) e no Pará (85%). Na região Nordeste, o estado do Maranhão apresentou o pior índice de saneamento, com um défice de 80,6%. Já nas regiões Sudeste, Sul e Centro-Oeste, 91,1%, 67% e 51,8% dos domicílios urbanos, respectivamente, recebiam saneamento adequado (IBGE, 2017b).

De acordo com o Sistema Nacional de Informações sobre Saneamento (SNIS) (Brasil, 2013b), 56,3% do total da população brasileira é atendida com coleta de esgoto sanitário, incluindo fossas sépticas, e 39% tem os esgotos tratados. Entretanto, o índice de coleta de esgotos da população rural é de 5,3 %, percentual bem inferior ao da população urbana.

São muitas e variadas as dificuldades e as barreiras na formulação e na execução de políticas públicas para as áreas rurais, uma vez que as comunidades rurais têm características próprias em cada região brasileira, exigindo formas particulares de intervenção em saneamento básico. As principais dificuldades na implementação de políticas e ações para essas regiões são: dispersão da população; baixo nível socioeconômico dos habitantes; necessidade de emprego de tecnologias não convencionais; e escassez de prestadores de serviços locais e de assistência técnica capacitados (Brasil, 2005a).

Assim, os projetos a serem executados demandam maior complexidade organizacional, abarcando uma formulação participativa e tecnologias compatíveis com as realidades culturais e organizacionais dessas comunidades, gerando mais articulação entre diferentes frentes disciplinares de atuação da Funasa, bem como entre os órgãos do governo federal (Brasil, 2005a). Há, portanto, a necessidade de uma abordagem sistêmica do saneamento, compreendendo suas interfaces com o ambiente, as condições sociais e os recursos hídricos.

Segundo o Relatório de gestão 2010 da Funasa (Brasil, 2011a), no triênio 2007-2010, os investimentos em saneamento feitos pelo governo federal corresponderam a 4 bilhões de reais aplicados sobretudo na região Sudeste do país. Apesar desse aporte de recursos, somados com os investimentos das companhias de saneamento estaduais e municipais, cerca de 70 milhões de habitantes não foram beneficiados com qualquer melhoria.

Conforme o Plano Nacional de Saneamento Básico (Plansab), o montante de investimentos previstos até 2033 para a universalização do saneamento no Brasil é de 508,5 bilhões de reais (Brasil, 2013a). O Plansab é o eixo central da ação do governo federal no setor e tem papel articulador e orientador para o atendimento às demandas de abastecimento de água, de esgotamento sanitário, de manejo de resíduos sólidos e de águas pluviais. Esse plano determina a elaboração de três programas para a operacionalização da política federal de saneamento básico: (1) saneamento básico integrado e (2) saneamento estruturante, tendo como responsável o Ministério das Cidades, hoje Ministério do Desenvolvimento Regional, e (3) saneamento rural, com a supervisão do Ministério da Saúde por meio da Funasa (Brasil, 2011a). O Plano Nacional de Saneamento Rural (PNSR) é um dos desdobramentos do Plansab. É constituído por diretrizes e estratégias para ações de saneamento básico em áreas rurais, visando universalizar o acesso em um prazo de 20 anos, a partir de 2013.

O Ministério das Cidades foi criado em 1º de janeiro de 2003, no governo de Luiz Inácio Lula da Silva. Sua criação respondia a demandas de movimentos sociais ligados à habitação e a políticas urbanas, com o objetivo de combater as desigualdades sociais, integrando os setores de habitação, saneamento, mobilidade e desenvolvimento urbano, por meio da elaboração de projetos citadinos e de linhas de financiamento público. Em 1º de janeiro de 2019, no governo de Jair Bolsonaro, esse ministério foi extinto.

Em 16 de janeiro de 2019, foi publicada uma nota em que um conjunto de entidades, organizações sociais e movimentos populares[1] (Borges, 2019)

---

1   Instituto Brasileiro de Direito Urbanístico (IBDU); Acesso – Cidadania e Direitos Humanos; Associação Brasileira de Juristas pela Democracia do Rio Grande do Sul (ABJD/RS); Associação dos Geógrafos Brasileiros (AGB); Associação Nacional de Pesquisa e Pós-Graduação em Arquitetura e Urbanismo (Anparq); Associação Nacional dos Engenheiros e Arquitetos da Caixa Econômica Federal (Aneac); Bigu Comunicativismo; BR Cidades; Centro de Direitos Econômicos e Sociais (CDES); Centro de Direitos Gaspar Garcia; Centro Dom Helder Câmara de Estudos e Ação Social (CENDHEC); Centro Popular de Direitos Humanos (CPDH); Coletivo A Cidade que Queremos; Coletivo Cidade mais Humana; Coletivo Massapê; Confederação Nacional das Associações de Moradores (Conam); Conselho Federal de Serviço Social (CFESS); Cooperativa Arquitetura Urbanismo e Sociedade (Caus); Direitos Urbanos; Federação das Entidades Comunitárias do Ibura Jordão (FIJ); Federação de Órgãos para a Assistência Social e Educacional (Fase); Federação Nacional das Associações do Pessoal da Caixa Econômica Federal (Fenae);

manifestava contrariedade à extinção da pasta, como aponta um trecho da nota, a seguir. Ela representa a preocupação de diversos setores do país.

> A extinção do Ministério das Cidades significa um enorme retrocesso na busca pela integração das políticas urbanas; na captação de recursos internacionais por parte do próprio governo através de bancos de fomento, os quais valorizam a existência de um Ministério próprio sobre a temática das cidades e do desenvolvimento urbano; na implementação das agendas internacionais, como com a Nova Agenda Urbana e a Agenda 2030; no diálogo entre União, Estados e Municípios, na gestão democrática das cidades, na garantia de efetividade do marco jurídico-urbanístico e, consequentemente, na concretização do direito à cidade de todos e todas. (Borges, 2019)

Diante das manifestações de diferentes grupos sociais a esse respeito, revendo a extinção da pasta, no dia 7 de maio de 2019, o governo federal anunciou o desmembramento do Ministério do Desenvolvimento Regional e a recriação dos Ministérios da Cidade e do Desenvolvimento Regional, o que não ocorreu até o fim da elaboração deste livro.

A participação da população nos processos de tomada de decisões que afetem os direitos difusos é fundamental para o desenvolvimento social de um país. Visando esse objetivo, em setembro de 2018, foi ratificado pelo Brasil o *Acordo de Escazú* – um tratado regional sobre o acesso à informação, à participação pública e à justiça em assuntos ambientais na América Latina e Caribe. Esse documento foi resultado da Conferência das Nações Unidas sobre Desenvolvimento Sustentável – Rio+20 e fundamentou-se no

---

Federação Nacional dos Arquitetos e Urbanistas (FNA); Fórum Justiça /RS; Fórum sobre Trabalho Social em Habitação de São Paulo; Grupo de Pesquisa Direito Territorialidade e Insurgência/UEFS; Grupo de Pesquisa Lugar Comum/UFBA; Grupo Técnico de Apoio (GTA); Habitat para a Humanidade Brasil; Instituto de Regularização Fundiária Urbana e Popular (IRFUP); Instituto Metrópolis; Instituto dos Arquitetos do Brasil do Rio Grande do Sul (IAB/RS); Laboratório de Estudos da Habitação (LEHAB/UFC); Laboratório de Habitação e Assentamentos Humanos (LABHAB/FAU-USP); Laboratório de Habitação e Cidade (LabHabitar/Fauba); Movimento das Mulheres Sem Teto de Pernambuco (MMST/PE); Movimento Nacional de Luta pela Moradia (MNLM); Movimento das Trabalhadoras e Trabalhadores por Direitos (MTD); MTST Brasil; Núcleo Aplicado de Defesa das Minorias e Ações Coletivas (Nuamac da DPE/TO); Núcleo de Assessoria Jurídico Popular (Najup); Núcleo de Defesa Agrária e Moradia da DPE/ES (Nudam); Núcleo de DH e Tutela Coletiva da DPE/PI; Núcleo de Estudos e Pesquisas sobre Movimentos Sociais (Nemos/PUCSP); Núcleo de Habitação e Moradia da DPE/CE (Nuam); Núcleo de Terras e Habitação da DPE/RJ; Núcleo Especializado de Habitação e Urbanismo da DPE/SP (NE-HABURB); Rede de Mulheres Negras de Pernambuco; Rede Interação; Sindicato dos Trabalhadores do Comércio Informal (Sintracli); Sindicato dos Advogados de São Paulo (Sasp); Terra de Direitos; União dos Movimentos de Moradia; União Nacional por Moradia Popular (UNMP) (Borges, 2019).

Princípio 10 da Declaração do Rio sobre Meio Ambiente e Desenvolvimento de 1992. Segundo as Nações Unidas, o objetivo do acordo é:

> garantir a implementação plena e efetiva, na América Latina e no Caribe, dos direitos de acesso à informação ambiental, participação pública nos processos de tomada de decisões ambientais e acesso à justiça em questões ambientais, bem como a criação e o fortalecimento das capacidades e cooperação, contribuindo para a proteção do direito de cada pessoa, das gerações presentes e futuras, a viver em um meio ambiente saudável e a um desenvolvimento sustentável. (Cepal, 2018)

Entretanto, apesar da importância da gestão participativa, em 11 de abril de 2019, foi assinado o Decreto n. 9.759, que extinguiu todos os conselhos da Administração Federal não criados por lei, com algumas exceções (Brasil, 2019). Outras denominações dadas a colegiados, como *comitês*, *comissões*, *equipes*, *grupos*, *juntas*, *mesas*, *fóruns* e *salas* não criadas por lei também foram extintas.

Essa decisão preocupa gestores, ambientalistas e cidadãos. Para Carlos Bocuhy, presidente do Instituto Brasileiro de Proteção Ambiental (Proam) e conselheiro do Conselho Nacional do Meio Ambiente (Conama), órgão colegiado normativo e consultivo do Sistema Nacional do Meio Ambiente (Sisnama), essa decisão é um retrocesso em matéria ambiental e inconstitucional. Segundo Bocuhy (2019) "o desmantelamento e fragilização das instâncias de gestão participativa, como pretende o governo Bolsonaro, são exatamente o oposto do que propõe o acordo e destruirão os meios de controle social e a transparência administrativa".

A atual conjuntura aponta para a indefinição organizacional e pode afastar a possibilidade de tratamento integrado das políticas públicas setoriais do saneamento no contexto das políticas urbanas.

1.4 Água potável: abastecimento e escassez

O acesso a uma fonte de água potável promove a melhoria da qualidade de vida humana e animal, contribuindo para o desenvolvimento econômico e social dos países.

Saneamento ambiental e sustentabilidade

O termo *qualidade da água* é empregado para descrever uma propriedade ou característica da água, seja relacionada a um padrão de potabilidade ecológico, seja relativa a um uso específico a que ela seja destinada (Branco, 1978). Dois elementos complicadores para a determinação desse quesito são (1) as inúmeras possibilidades metodológicas de análise dos resultados que conduzem a uma infinidade de abordagens factíveis, e (2) a dificuldade de se estabelecerem padrões de qualidade das águas, observando-se os dados brutos. Diante desses dois fatores, faz-se necessário o desenvolvimento de indicadores, construídos com base em variáveis monitoradas, que possam ponderar seus valores e agregar informação, de modo a observar a variabilidade espacial e temporal da qualidade da água, bem como as variáveis socioeconômicas levantadas sobre a população residente nas áreas de contribuição dos pontos amostrais (Branco, 1978).

O ser humano utiliza a água em todas as suas atividades diárias, principalmente para atender às suas necessidades essenciais biológicas, incluindo as de asseio e as de desenvolvimento econômico. Um pequeno exercício que você pode fazer para comprovar essa afirmação é listar mentalmente todas as atividades que realiza no dia a dia para as quais utiliza água. Cozinhar, fazer um chá ou café, tomar banho, regar plantas, lavar roupas, lavar louças, cuidar dos animais domésticos são algumas das ações nas quais o elemento água é essencial.

Para as pessoas que têm acesso a um sistema de abastecimento, a utilização do recurso para essas atividades ocorre de maneira rápida e simples, como abrir uma torneira ou acionar uma máquina de lavar roupas, por exemplo. Muitas vezes, as pessoas usam a água sem atentar à sua importância, pois é prático e automático. Isso contribui para que o consumo de água seja negligenciado, podendo ocorrer desperdícios. É comum, por exemplo, utilizar uma de água maior do que a necessária em atividades diárias, como fazer a barba ou escovar os dentes com a torneira aberta, ou desperdiçar água em virtude da falta de manutenção das instalações hidráulicas das residências, que ocasionam vazamentos e perdas.

Esse cenário, contudo, não se verifica com pessoas que carecem desse serviço e que precisam usar parte de seu tempo diário e de outros recursos para buscar água na fonte disponível mais próxima. Seja por escassez de água em locais com pouca disponibilidade hídrica, seja por falta de investimentos e soluções adequadas, a população de localidades que não contam com um sistema de abastecimento tem uma relação muito mais consciente com o uso do recurso em razão das restrições de quantidade e de qualidade. Atividades diárias como a cocção de alimentos, o asseio e a ingestão passam a ser mais difíceis e racionadas, podendo até mesmo causar problemas sérios à saúde e ao desenvolvimento econômico local.

Síntese

A água é um recurso fundamental para a sobrevivência de todos os seres vivos do planeta. Seu manejo adequado, portanto, faz-se necessário para manter o equilíbrio dos ecossistemas e garantir nossa subsistência. Neste capítulo, discutimos sobre a disponibilidade hídrica no mundo e o modo como algumas regiões são impactadas pela escassez física ou política de água. Também apresentamos o conceito de desenvolvimento sustentável e esclarecemos por que ele está vinculado à manutenção das gerações presentes e futuras.

Com o objetivo de promover a sustentabilidade mundial, a ONU tem definido objetivos e metas que devem ser cumpridos pelos países-membros. Entre eles, destacam-se os objetivos de desenvolvimento sustentável (ODS), os quais elencamos e analisamos no decorrer deste capítulo. Evidenciamos especialmente o Objetivo 6, que visa à implementação e à adequação de sistemas de coleta, de tratamento de esgotos e de abastecimento de água potável em todos os países, particularmente aqueles de economias pobres e em desenvolvimento. Para isso, é essencial que políticas públicas contemplem os investimentos necessários no setor

Assim, com o propósito de avaliar a realidade brasileira, comentamos o histórico e a normatização do saneamento, bem como as medidas necessárias para a universalização do saneamento básico no país. Finalizamos o capítulo com uma reflexão sobre a necessidade da promoção e da implementação de sistemas de abastecimento de água potável, capazes de atender às necessidades básicas e garantir o bem-estar das populações em todo o mundo.

Saneamento ambiental e sustentabilidade

Questões para revisão

1. (Cesgranrio – 2010 – Petrobrás) No Brasil, as discussões sobre a sustentabilidade da vida na Terra são coordenadas pela Comissão de Políticas de Desenvolvimento Sustentável e da Agenda 21 Nacional (CPDS).
   PORQUE
   Cada país desenvolve a sua própria Agenda 21.
   Analisando as afirmações acima, conclui-se que
   a. as duas afirmações são verdadeiras e a segunda justifica a primeira.
   b. as duas afirmações são verdadeiras e a segunda não justifica a primeira.
   c. a primeira afirmação é verdadeira e a segunda é falsa.
   d. a primeira afirmação é falsa e a segunda é verdadeira.
   e. as duas afirmações são falsas.

2. (Gestão Concurso – 2018 – Emater-MG) Leia, atentamente, o texto a seguir, de Taguchi (2015, p. 40).

   A nova revolução verde
   Onze anos atrás, o agrônomo americano Norman Bourlag, Prêmio Nobel da Paz (1970) e criador do Prêmio Global da Alimentação (1986), declarou: "Após o avanço da soja pelo cerrado, o embrião da próxima revolução do Brasil rural começa a se desenvolver. É a integração sustentável entre a agricultura e a pecuária." Bourlag se refere a um processo pouco viável de ser praticado em seu país, mas necessário em regiões de clima tropical. O agrônomo [...] afirmou que os sistemas de integração não são, para os países tropicais, uma opção, mas uma regra básica de sustentabilidade. A integração visa à redução de custos de produção, agregação de valores, uso intensivo da área com aumento de produtividade e a melhoria da qualidade de vida do produtor rural. Mas o que Bourlag não imaginaria é que, junto com os produtores rurais, os cientistas ainda adicionariam nessa conta as florestas. Ainda não existem dados oficiais no Brasil sobre a área implantada com sistemas de integração, mas, a cada ano mais propriedades aderem à pratica em busca de sustentabilidade.

De acordo com o texto e com os conceitos de sustentabilidade e desenvolvimento sustentável, é correto afirmar que a
a. integração visa uma atuação ampla entre agricultura, pecuária e ainda as áreas de floresta, promovendo a prática da sustentabilidade.
b. integração sustentável é uma medida necessária, viável somente para a recuperação de áreas com pastagens e solos degradados.
c. a integração sustentável só pode ser usada em regiões de clima tropical devido à ação intensiva do clima sobre o solo, o que não acontece em outras regiões climáticas.
d. visão dos sistemas de integração presente no texto acima está indo na contramão dos ideais de sustentabilidade, visando rentabilidade em detrimento da preservação do meio ambiente.

3. (FGV – 2018 – Compesa) Os serviços públicos de saneamento básico, segundo a Política Nacional de Saneamento Básico, terão a sustentabilidade econômico-financeira assegurada, sempre que possível, mediante remuneração pela cobrança do serviço.
Sobre o tema, leia o fragmento a seguir.
"A cobrança pela prestação do serviço público de drenagem e manejo de _____ deve levar em conta, em cada _____, os percentuais de impermeabilização e a existência de _____ ou de retenção de água de chuva, bem como poderá considerar o nível de renda da população da área atendida."
Assinale a opção cujos termos completam, corretamente, as lacunas do fragmento.
a. resíduos sólidos urbanos – lote urbano – recursos de varrição e coleta de resíduos.
b. resíduos sólidos urbanos – setor censitário – locais de destinação adequada de resíduos.
c. águas pluviais urbanas – lote urbano – dispositivos de amortecimento.
d. águas pluviais urbanas – setor censitário – dispositivos de bombeamento.
e. esgoto sanitário – rede local – dispositivos de bombeamento.

4. (Enade – 2014 – Engenharia de Produção) Os desafios da mobilidade urbana associam-se à necessidade de desenvolvimento urbano sustentável. A ONU define esse desenvolvimento como aquele que assegura qualidade de vida, incluídos os componentes ecológicos, culturais, políticos, institucionais, sociais e econômicos que não comprometam a qualidade de vida das futuras gerações.

O espaço urbano brasileiro é marcado por inúmeros problemas cotidianos e por várias contradições. Uma das grandes questões em debate diz respeito à mobilidade urbana, uma vez que o momento é de motorização.

Considere os dados da seguinte tabela:

MOBILIDADE URBANA EM CIDADES COM MAIS DE 500 MIL HABITANTES		
Modalidade	Tipologia	Porcentagem (%)
Não motorizado	A pé	15,9
	Bicicleta	2,7
Motorizado coletivo	Ônibus municipal	22,2
	Ônibus metropolitano	4,5
	Metroferroviário	25,1
Motorizado individual	Automóvel	27,5
	Motocicleta	2,1

Tendo em vista o texto e a tabela de mobilidade urbana apresentados, redija um texto dissertativo, contemplando os seguintes aspectos:
a. consequências, para o desenvolvimento sustentável, do uso mais frequente do transporte motorizado;
b. duas ações de intervenção que contribuam para a consolidação de política pública de incremento ao uso de bicicleta na cidade mencionada, assegurando-se o desenvolvimento sustentável.

5. Muito se fala em universalização do sistema de saneamento básico no Brasil. Entretanto, além do atendimento universal, é necessária a conscientização da população atendida, com vistas a reduzir desperdícios e promover o uso consciente dos recursos. Elabore uma cartilha, na forma de tópicos, listando os deveres da população com relação ao consumo de água e ao tratamento de esgotos em suas comunidades visando à preservação desse recurso.

Questões para reflexão

1. O Brasil é um país rico em recursos hídricos. Entretanto, são comuns situações de escassez hídrica em seu território. Como isso é possível? Reflita e discuta sobre esse tópico, abordando as diferenças entre escassez física e política de água.
2. Parasitoses associadas à falta de saneamento básico são, ainda, uma das principais causas da mortandade infantil em países pobres e em desenvolvimento. Discuta as razões para que, apesar da evolução de tratamentos médicos e de tecnologias de saneamento, persista essa triste realidade em muitas regiões do mundo, inclusive no Brasil.

Capítulo 2

Meio ambiente

Conteúdos do capítulo
» Estrutura do planeta Terra.
» Ciclo hidrológico.
» Introdução à poluição ambiental.

Após o estudo deste capítulo, você será capaz de:
1. descrever como o planeta Terra é formado;
2. explicar as etapas do ciclo hidrológico e sua importância;
3. elencar os principais tipos de poluentes;
4. relacionar as principais fontes de poluição.

A Terra, mais do que uma fonte de recursos naturais, é nosso lar e devemos preservar o ambiente que nos cerca. Não há como subsistir em um planeta sem que haja harmonia entre todas as formas de vida que ele abriga e equilíbrio nos processos químicos, físicos ou biológicos que o compõem. Assim, neste capítulo, detalharemos as estruturas interna e externa da Terra, sua composição e sua importância nos processos conduzidos no planeta. Também analisaremos o ciclo hidrológico, cuja compreensão é essencial para a gestão adequada do meio ambiente e dos recursos de que necessitamos.

A poluição, em suas diversas formas, é preocupante e, embora o homem sempre cause impactos nos ambientes que ocupa, é fundamental que seus efeitos danosos sejam minimizados. Nesse contexto, abordaremos, ainda, as diferentes formas de poluição, com enfoque para a poluição hídrica, os parâmetros de qualidade de água e os padrões de potabilidade, assim como as medidas para promover o controle de fontes poluentes, pontuais e difusas. Antes, porém, iniciaremos apresentando um conceito fundamental: o de meio ambiente.

2.1 Conceito de meio ambiente

A expressão *meio ambiente* refere-se a um conceito muito amplo. Há definições diversas na literatura especializada, bem como nos âmbitos legal e acadêmico.

De acordo com a Política Nacional do Meio Ambiente – Lei n. 6.938, de 31 de agosto de 1981 – *meio ambiente* é o "Conjunto de condições, leis, influências e interações de ordem física, química e biológica, que permite, abriga e rege a vida em todas as suas formas" (Brasil, 1981).

Em outra definição, mais restrita: "É a expressão do patrimônio natural e das relações com e entre os seres vivos, deixando de lado tudo o que não esteja relacionado com os recursos naturais" (Emídio; Coimbra, 2017).

> **Importante!**
>
> Em uma visão ampla, o conceito de meio ambiente abrange toda a natureza original e os elementos artificiais, incluindo bens culturais correlatos; ou seja, há o **ambiente natural** ou físico, constituído por solo, água, ar, fauna e flora, e o **ambiente artificial**, formado por edificações e equipamentos, representando tanto os assentamentos urbanísticos quanto as demais intervenções e alterações produzidas pelo homem.

Considerando todos os elementos que constituem o meio ambiente, é possível separá-los nos seguintes componentes ambientais:

» meio abiótico (solo, água e ar);
» meio biótico (flora, fauna e microrganismos);
» meio antrópico (o homem).

O solo (litosfera), o ar (atmosfera) e a água (hidrosfera) são os três principais componentes físicos da Terra, constituindo meio abiótico. A inter-relação desses elementos forma a **biosfera**, que deve proporcionar condições adequadas para o desenvolvimento da vida em suas mais diversas formas.

2.2 O planeta Terra

2.2.1 Estrutura interna da Terra

O Planeta Terra é formado por diversas camadas. Internamente, é dividido de duas formas; uma leva em consideração suas características químicas; outra, suas características físicas. Considerando-se sua composição química bastante distinta, distribui-se em três camadas internas concêntricas principais: crosta, manto e núcleo (Figura 2.1).

A **crosta** é a camada mais superficial e divide-se em continental e oceânica. A **continental** é composta, basicamente, por rochas graníticas, ricas em alumínio e silício, e atinge até 70 km de profundidade; já a **oceânica** é constituída, essencialmente, por rochas basálticas, formadas por minerais ricos em silício e magnésio, variando entre 5 e 8 km de profundidade. Apresenta densidade de cerca de 2,7 a 2,9 g·cm^{-3}.

O **manto** é a camada que envolve o núcleo e divide-se em superior e inferior. A **camada superior** atinge 700 km de profundidade, e a **inferior** se estende 2.900 km abaixo da superfície. É composto de peridotito (rocha ultrabasáltica). Sua densidade varia entre 3,5 e 5,5 g·cm^{-3}.

Já o **núcleo** divide-se em externo e interno. O **núcleo externo** tem 2.250 km de espessura e é composto por um material de densidade de 9,9 a 12,2 g·cm^{-3}. O núcleo interno apresenta raio de 1.221 km e é composto por um material de alta densidade, entre 12,6 e 13 g·cm^{-3}. Contém ferro e níquel.

Figura 2.1 – Divisão da estrutura interna da Terra, conforme suas características químicas

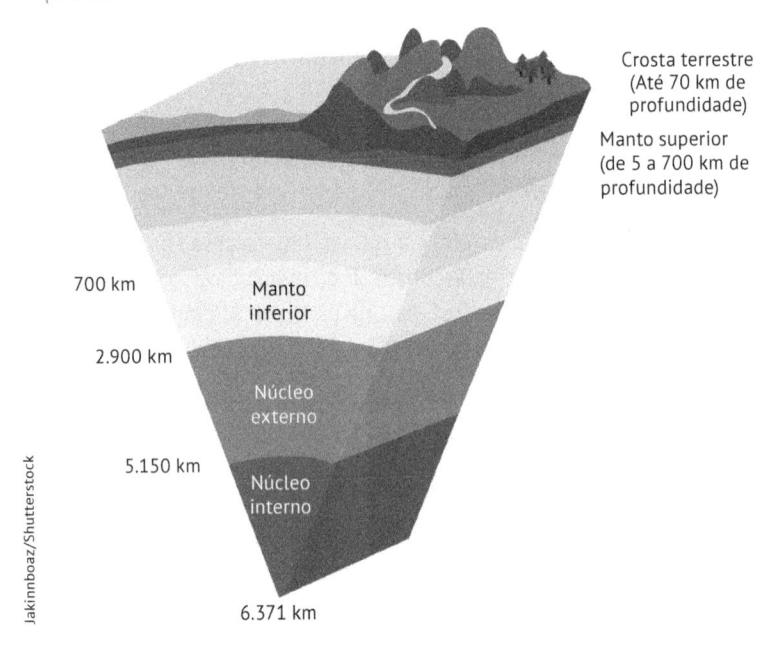

Por sua estrutura dinâmica, principalmente em razão de suas propriedades físicas, a Terra pode ser dividida em quatro regiões ou zonas: litosfera, astenosfera, mesosfera e endosfera (Figura 2.2).

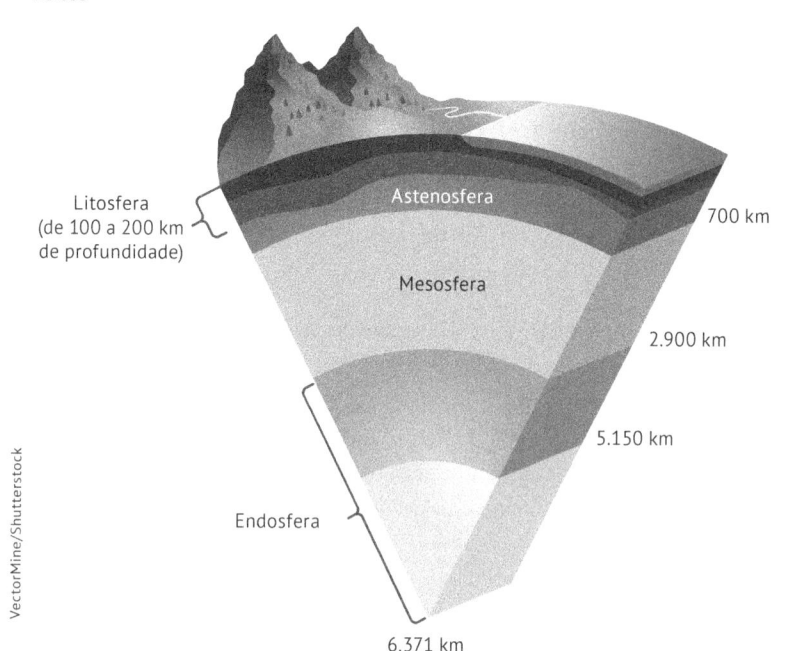

Figura 2.2– Divisão da estrutura interna da Terra, conforme suas características físicas

Litosfera (de 100 a 200 km de profundidade)
Astenosfera
Mesosfera
Endosfera
700 km
2.900 km
5.150 km
6.371 km

VectorMine/Shutterstock

A *litosfera* (palavra de origem grega: *lithos*, que significa "pedra") é a região mais externa; zona sólida e rígida. A *astenosfera* (palavra de origem grega: *asthene*, que significa "fraqueza") é a camada mais frágil; zona de comportamento plástico, situa-se desde a base da litosfera até a profundidade de 350 km. A *mesosfera* (palavra de origem grega: *mesos*, que significa "meio") é a zona rígida intermediária, estendendo-se desde a base da astenosfera até a fronteira do manto com o núcleo. Por fim, a *endosfera* (palavra de origem grega: *endus*, que significa "para dentro") é a zona que corresponde ao núcleo; encontra-se entre 2.900 e 6.371 km de profundidade e pode ser dividida em duas regiões: a endosfera externa e líquida e a endosfera interna e sólida.

A litosfera corresponde à crosta terrestre, a qual é constituída por três tipos de rochas diferentes, a saber:

» **Rochas magmáticas ou rochas ígneas** – Formam-se da consolidação do magma. Quando formadas em profundidade são chamadas de *intrusivas* ou *plutônicas*. Ex.: granitos, basalto, pedra-pomes.
» **Rochas sedimentares** – Formadas por deposição de detritos, originados da ação erosiva de outra rocha. Ex.: cascalhos, seixos e calcário.
» **Rochas metamórficas** – Formadas por rochas magmáticas e sedimentares que sofreram alterações. Ex.: mármore e ardósia.

Na teoria mais aceita pelos cientistas quanto à formação do planeta, estima-se que, por volta de 5 bilhões de anos atrás, a Terra era uma grande bola de materiais fundidos e incandescentes, como a lava dos vulcões, com temperaturas próximas a 1.500 °C. Ao longo de milhões de anos, essa bola incandescente foi passando por um processo lento de resfriamento e solidificando-se em sua parte externa, processo que formou a litosfera, superfície habitada por nós.

Durante o processo de resfriamento da Terra, houve liberação de gases e vapores, originando a camada de ar denominada *atmosfera*. Em virtude da alta pressão atmosférica, 300 vezes maior que a atual, condensou-se o vapor de água contido na atmosfera, dando origem ao ciclo hidrológico.

2.2.2 Estrutura externa da Terra

Os componentes da estrutura externa da Terra são: atmosfera, hidrosfera e biosfera. Detalhamos cada um deles a seguir.

ATMOSFERA

A *atmosfera* (palavra de origem grega: *atmos*, que significa "ar", "vapor", e *sphaira*, que significa "esfera") é a camada gasosa que envolve o planeta. Situa-se em contato direto com a litosfera, mantida pela força de gravidade do planeta, acompanhando seus movimentos de rotação e translação. Sua extensão é de aproximadamente 1.000 km acima do nível do mar, mas cerca de 99% de sua massa localiza-se abaixo dos 40 km de altitude.

A atmosfera é composta por uma mistura de moléculas gasosas. O nitrogênio é o gás mais abundante da atmosfera (78,08%), seguido do oxigênio (20,95%), e em proporções menores estão presentes os seguintes gases: argônio, dióxido de carbono, ozônio, hidrogênio, monóxido de carbono, metano, óxido nitroso e outros gases nobres como neônio, hélio e criptônio (Tabela 2.1).

Tabela 2.1 – Gases constituintes da atmosfera e sua contribuição em volume total (%)

Composto	Percentual (em volume)
Nitrogênio	78,08
Oxigênio	20,95
Argônio	0,934
Dióxido de carbono	0,036
Neônio	$1,818 \cdot 10^{-3}$
Hélio	$5,24 \cdot 10^{-4}$
Metano	$1,6 \cdot 10^{-4}$
Criptônio	$1,14 \cdot 10^{-4}$
Óxido nitroso	$3,0 \cdot 10^{-5}$
Monóxido de carbono	$1,2 \cdot 10^{-5}$
Xenônio	$8,7 \cdot 10^{-6}$
Amônia	$10^{-8} - 10^{-7}$

Nota: Outros elementos constituintes encontram-se em concentrações inferiores a 10^{-7}% em volume.
Fonte: Manahan, 2001, tradução nossa.

A atmosfera contém cinco camadas (Figura 2.3), caracterizadas por diferentes condições de temperatura e composição química. Cada uma delas tem uma função específica, conforme expomos a seguir.

Figura 2.3 – Camadas constituintes da atmosfera

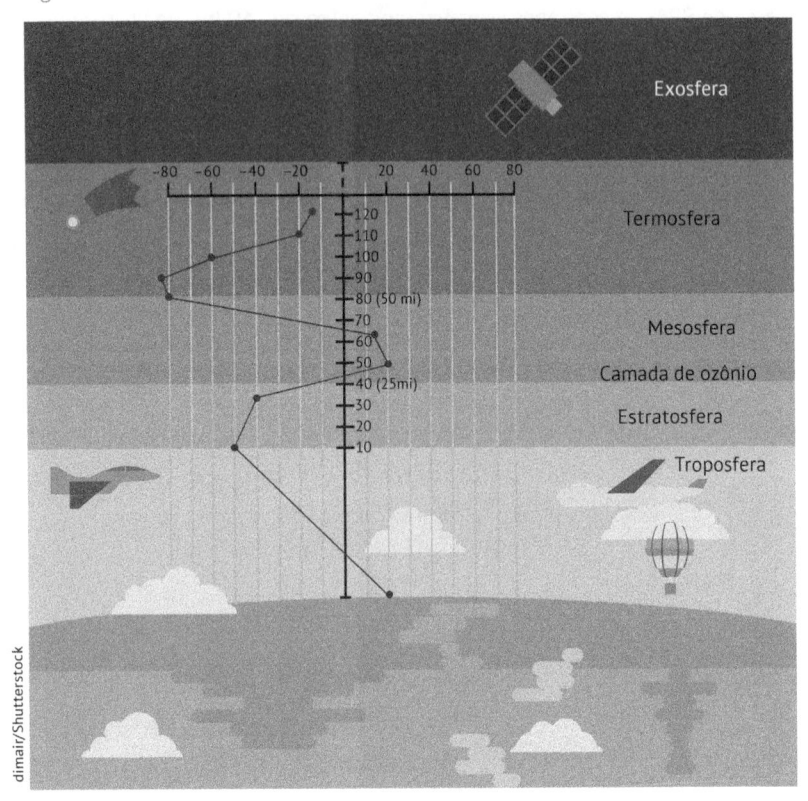

> » **Troposfera** – É a camada da atmosfera mais próxima da crosta terrestre, na qual vivemos. Sua altitude varia entre 6 km (polos) e 20 km (Equador) em razão do movimento de rotação da Terra. É basicamente composta pelos mesmos elementos encontrados em toda a atmosfera, concentrando porção significativa dos gases (aproximadamente 75% do total). A maior parte do vapor de água (99,99%) também é contido nessa camada, na qual ocorrem os fenômenos climáticos, como chuvas, granizo, neve, formação de nuvens e relâmpagos. As temperaturas podem variar entre 40 °C e –60 °C, sendo que, quanto maior a altitude, menor é a temperatura. A zona-limite entre a troposfera e a camada superior (estratosfera) chama-se *tropopausa*, de temperatura constante, aproximadamente –50 °C.

» **Estratosfera** – É a camada superposta à troposfera. Nela, a temperatura aumenta com a elevação da altitude, desde –60 °C até cerca de 0 °C. Isso ocorre em virtude da maior interação química e térmica entre a radiação solar e os gases ali existentes. Ela atinge cerca de 50 km de altitude. É uma camada muito estável, contém cerca de 19% dos gases atmosféricos e pouco vapor de água. A imutabilidade da estratosfera está relacionada às diferenças de temperatura por sua extensão, sendo as porções inferiores as mais frias (–50 °C), e as porções mais altas as que apresentam temperaturas mais elevadas (2 °C). Como não há troca de calor por convecção (portanto, sem movimentação das moléculas), é uma região mais calma.

Importante!

A camada de ozônio encontra-se na porção inferior da estratosfera, entre 20 e 35 km de altitude. Essa camada protege a superfície terrestre dos raios ultravioletas advindos do Sol. Nessa região, a concentração do gás ozônio (O_3) é de cerca de 2 a 8 partes por milhão, ou seja, maior do que a presente na atmosfera próxima à superfície. A estratosfera contém aproximadamente 90% de todo o ozônio da atmosfera. Essa camada tem uma espessura de 22 km de alta concentração desse gás. O aumento da temperatura em decorrência da elevação da altitude na estratosfera deve-se aos raios ultravioletas que são parcialmente absorvidos pela camada de ozônio. Isso desorganiza os átomos e quebra o O_3, gerando energia e, assim, aumentando a temperatura nessa porção da atmosfera (Brasil, 2012; 2020).

» **Mesosfera** – Situa-se acima da estratosfera e atinge altitudes de 80 km. É a camada mais fria da atmosfera; nela, a temperatura diminui com a altitude, com variações entre –10 °C e –100 °C. Isso ocorre porque a absorção de radiação solar é muito fraca, tendo em vista que o ar é bastante rarefeito, e não há em sua composição ozônio ou outros gases capazes de absorver energia solar. Na mesosfera ocorre o fenômeno da aeroluminescência, que dá cor ao céu diurno. Isso acontece em razão do contato entre a radiação vinda do Sol e as moléculas de oxigênio, que emitem fótons e, consequentemente, colorem o céu. A mesosfera serve de proteção ao planeta contra a colisão de meteoros, pois oferece resistência a objetos que entram na atmosfera.

- » **Termosfera** – Sua espessura varia entre 80 e 800 km. Localiza-se acima da mesosfera e atinge até 500 km do solo. É a camada atmosférica mais extensa e mais quente. As temperaturas podem atingir 1.000 °C nas partes mais altas. A região superior da termosfera, onde há alta concentração de gases com íons e elétrons livres, chama-se *ionosfera*. Essa camada reflete na propagação das ondas eletromagnéticas de comunicação.
- » **Exosfera** – É a camada mais distante da superfície terrestre, sendo a zona de transição entre a atmosfera e o espaço. Alcança até 1.600 km de altitude, atingindo temperaturas próximas a 1.000 °C. Inicia-se no final da termosfera até 800 km do solo. É a camada mais rarefeita, basicamente formada por gases leves como hélio, hidrogênio e dióxido de carbono. Nessa camada, ocorre o fenômeno da aurora boreal e são posicionados os satélites e os telescópios espaciais.

HIDROSFERA

A *hidrosfera* (palavra de origem grega formada por *hydro*, "água"; e s*phaira*, "esfera") é a camada composta por todas as águas contidas no globo terrestre. É parte essencial da vida e da dinâmica da natureza.

Hidrologia é a ciência que analisa diferentes aspectos da água: ocorrência, circulação e distribuição; propriedades físicas e químicas; relação com o meio ambiente, inclusive com as formas vivas (Federal Council for Science and Technology, 1962).

Tendo em vista que a água está em constante movimento no planeta, o **ciclo hidrológico** corresponde ao movimento contínuo da água no meio físico e à troca de água em seus diferentes estados (sólido, líquido e gasoso) entre os oceanos, as calotas polares, as águas superficiais, as águas subterrâneas e a atmosfera.

O ciclo hidrológico é impulsionado: pela radiação solar, que fornece a energia para elevar a água da superfície terrestre para a atmosfera (evaporação); pela força dos ventos, que transportam vapor de água para os continentes; pela força da gravidade, responsável pelos fenômenos da precipitação, da infiltração e do deslocamento das massas de água.

Meio ambiente

> **Importante!**
>
> *Ciclo hidrológico* é o fenômeno global de circulação fechada da água entre a superfície terrestre e a atmosfera, tendo como força impulsora, fundamentalmente, a energia solar associada à gravidade e à rotação terrestre (Tucci, 1993).

As principais etapas do ciclo hidrológico são: evaporação, precipitação, transpiração, infiltração e drenagem. É possível observar a representação do ciclo hidrológico na Figura 2.4, a seguir.

Figura 2.4 – Representação esquemática das etapas do ciclo hidrológico terrestre

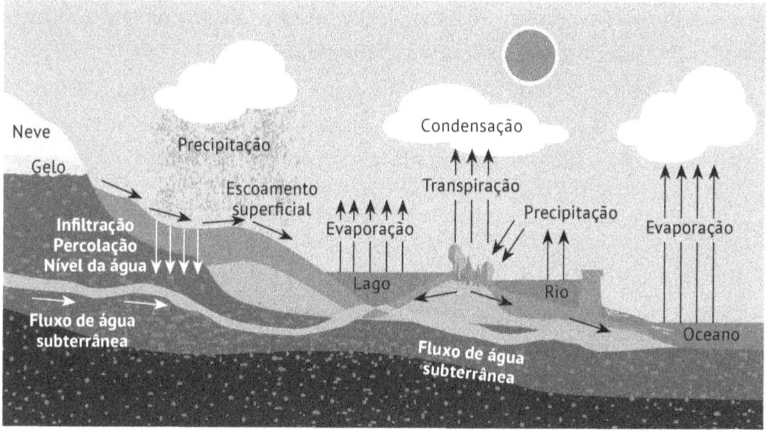

Fonte: IGBP, 1993.

Como o próprio nome já evidencia, o *ciclo hidrológico* é cíclico e não tem um ponto de início ou fim. Para fins de compreensão das etapas apresentadas na Figura 2.4, detalharemos o processo a partir da evaporação e da evapotranspiração, fenômenos responsáveis por lançar as moléculas de água, em forma de vapor, para a atmosfera. A **evaporação** está relacionada aos mares, aos oceanos e aos corpos hídricos continentais, ao passo que a **evapotranspiração** origina-se da água lançada na atmosfera por solos (evaporação) e plantas (transpiração). Completada essa fase, as moléculas de água dão origem às nuvens que, ao serem submetidas a alterações de temperatura e/ou de pressão, condensam o vapor de água, provocando precipitações, como chuva, neve ou granizo (Holtz, 1976; Ayoade, 2010).

Ao precipitar, a água pode alimentar rios, mares e oceanos, ou infiltrar-se em solos, recarregando aquíferos e promovendo um fluxo subterrâneo de água. A defluência também pode ocorrer sobre as superfícies, sendo então denominada *escoamento superficial*, que renova as reservas atmosféricas de água, reiniciando o ciclo.

Os rios abastecidos unicamente pelo escoamento superficial, vinculado à ocorrência de chuvas, são denominados *efêmeros*. Rios recarregados por águas superficiais e subsuperficiais, por sua vez, recebem o nome de *perenes*, quando o escoamento é contínuo ao longo do ano, ou *intermitentes*, quando durante o período de estiagem ocorre a redução do nível do lençol freático, tornando-o seco (Bigarella; Suguio, 1990).

O ciclo hidrológico ocorre naturalmente. Entretanto, ações antrópicas podem alterá-lo profundamente. De acordo com Botelho e Silva (2010), essas alterações são percebidas em áreas rurais e urbanas.

BIOSFERA

A *biosfera* (palavra de origem grega: *bio*, "vida"; e s*phaira*, "esfera") é a camada do globo em que habitam os seres vivos. É um sistema único, formado por atmosfera (troposfera), crosta terrestre (litosfera), água (hidrosfera) e todas as formas de vida. É o conjunto de todos os ecossistemas terrestres.

No planeta, há locais impróprios à vida em decorrência de condições extremas, como elevadas temperatura e pressão; logo, a biosfera não forma uma camada contínua em torno do globo. Ela encontra-se em constante transformação, dada a interação entre os seres vivos e os componentes abióticos. Contudo, a ação antrópica vem causando danos severos ao equilíbrio da biosfera, como explicitaremos a seguir.

2.3 Poluição ambiental

A legislação brasileira, por meio da Política Nacional do Meio Ambiente – Lei n. 6.938/1981 –, assim define *poluição*:

Art. 3º [...]

[...]

III – poluição, a degradação da qualidade ambiental resultante de atividades que direta ou indiretamente:

a) prejudiquem a saúde, a segurança e o bem-estar da população;
b) criem condições adversas às atividades sociais e econômicas;
c) afetem desfavoravelmente a biota;
d) afetem as condições estéticas ou sanitárias do meio ambiente;
e) lancem matérias ou energia em desacordo com os padrões ambientais estabelecidos; (Brasil, 1981)

Importante!

A **poluição natural** é um tipo de poluição não associada à atividade humana, causada por chuvas e escoamento superficial, salinização, além da decomposição de vegetais e animais mortos (Derísio, 1992).

A contaminação, por sua vez, refere-se à presença de organismos patogênicos (causadores de doenças) ou de substâncias em concentrações nocivas aos seres humanos.

A degradação ambiental, portanto, envolve a perturbação do equilíbrio dos ecossistemas e o comprometimento da saúde e do bem-estar dos indivíduos. Algumas das causas de degradação ambiental são:

» o crescimento populacional;
» a extração insustentável de recursos naturais;
» a urbanização acelerada e sem planejamento;
» a expansão de áreas agrícolas;
» o aumento do consumo;
» a alta densidade populacional em centros urbanos;
» a intensificação de atividades industriais.

Há formas diversas de classificar a poluição, por exemplo, de acordo com sua origem, o local de ocorrência, o tipo de recurso natural impactado ou o tipo de fonte que provocou a poluição. Os fenômenos poluidores podem ser agravados pela ação ou omissão humana.

Com relação ao **ambiente impactado**, a poluição pode ser classificada como: atmosférica, hídrica, do solo, térmica, sonora e visual.

Quanto à **origem**, a poluição ambiental é causada, majoritariamente, por ações antrópicas (poluição antropogênica). Contudo, desequilíbrios ambientais também podem ser decorrentes de fenômenos naturais (poluição natural), desencadeados por eventos climáticos.

No Brasil, nas últimas décadas, ocorreram diversos desastres na atividade de **mineração**, resultando em mortes e danos ambientais irreparáveis. Alguns exemplos:

- » Mineração Rio Verde, em Nova Lima (2001);
- » Mineração Rio Pomba Cataguases, em Miraí (2007);
- » Mineração Herculano, em Itabirito (2014);
- » Mariana (2015);
- » Brumadinho (2019).

Ainda nesse cenário, as atividades antropogênicas podem ser classificadas de acordo com as características particulares da ação humana. Entre elas, é possível citar as atividades residenciais ou domésticas, comerciais, de serviços de saúde, da administração pública, da agricultura, de serviços de portos, aeroportos e terminais rodoferroviários, industriais e outros.

2.3.1 Poluição atmosférica

A poluição atmosférica pode ter origem: natural, como por emissões vulcânicas ou queimadas; ou antrópica, resultante de atividades humanas, como indústria, transporte e agropecuária.

O poluente atmosférico consiste em qualquer substância presente no ar que, por sua concentração, venha a torná-lo impróprio, nocivo ou ofensivo à saúde, inconveniente ao bem-estar público, danoso aos materiais, à fauna e à flora, ou prejudicial à segurança, ao uso e gozo da propriedade e às atividades normais da comunidade.

Para se ter uma ideia dos danos causados pela poluição atmosférica, segundo estudo de Lelieveld et al. (2019), o número de mortes em decorrência desse tipo de poluição em ambientes externos em 2015 foi estimado em 8,8 milhões por ano no mundo.

Nesse contexto, o aquecimento global é um dos problemas mais graves relacionados à poluição atmosférica, provocado principalmente por ações antrópicas. A seguir, fornecemos mais detalhes sobre esse fenômeno.

EFEITO ESTUFA

Da radiação solar de onda curta que penetra a atmosfera, aquecendo a superfície terrestre, parte é absorvida e parte é refletida de volta para a atmosfera (efeito albedo). A parcela absorvida produz aquecimento na superfície que emite radiação de onda longa (radiação térmica). Essa radiação pode ser absorvida pelos gases atmosféricos, como o vapor de água e o dióxido de carbono (CO_2), aquecendo a atmosfera e ocasionando o aumento da temperatura da superfície. Esse é o efeito estufa, um processo natural, produzido, principalmente, pelo vapor de água em contato com outros gases. Esse fenômeno contribui para a manutenção da vida na Terra ao aquecer a superfície do planeta. Sem ele, a Terra seria 33 °C mais fria.

Contudo, em razão do aumento da emissão de gases gerados pelas atividades humana e animal, além dos processos naturais já existentes, ocorre um aquecimento adicional da atmosfera, gerando modificações climáticas no planeta.

Os principais gases envolvidos no efeito estufa são o dióxido de carbono (CO_2), o metano (CH_4), o óxido de nitrogênio e o clorofluorcarbono (CFC). O CO_2 é produzido pela queima de combustíveis fósseis e pela produção de biomassa.

INVERSÃO TÉRMICA

Na troposfera, à medida que a altitude aumenta, o ar resfria-se. O ar localizado próximo à superfície é mais quente e, portanto, mais leve. Em virtude dessa característica, o ar quente pode ascender, favorecendo a dispersão dos poluentes emitidos pelas fontes (Figura 2.5). A diferença de temperatura entre o ar das camadas inferiores e o das camadas mais altas da troposfera ocasiona a circulação vertical do ar, em uma corrente de convecção na qual o ar quente sobe e resfria-se gradativamente, empurrando o ar frio para baixo, o qual passa a ser aquecido, repetindo o fenômeno. A superfície terrestre, ao se resfriar rapidamente, forma uma camada de ar frio abaixo da camada de ar quente, o que caracteriza a inversão térmica. Uma vez que o ar mais pesado se encontra na camada inferior, os poluentes são mantidos próximos da superfície (Figura 2.6). Esse fato ocorre mais frequentemente no inverno e em períodos noturnos, quando o solo tende a ficar mais frio.

Figura 2.5 – Representação esquemática da dispersão de poluentes sob condições atmosféricas normais

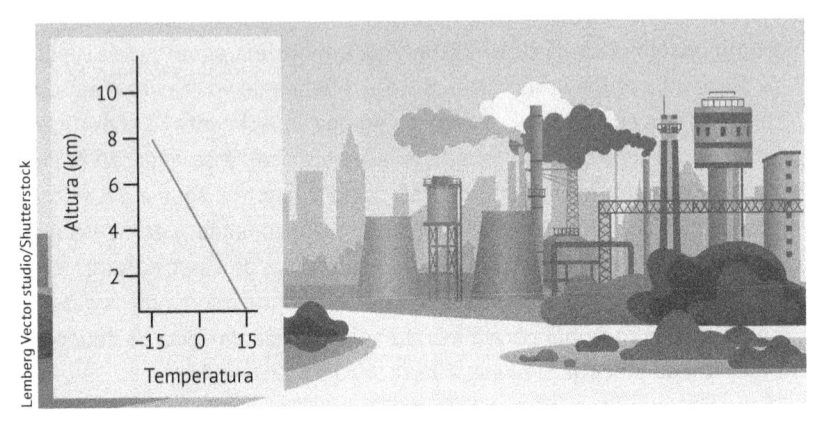

Fonte: Azeredo, 2011.

Figura 2.6 – Representação esquemática da dispersão de poluentes sob o fenômeno de inversão térmica

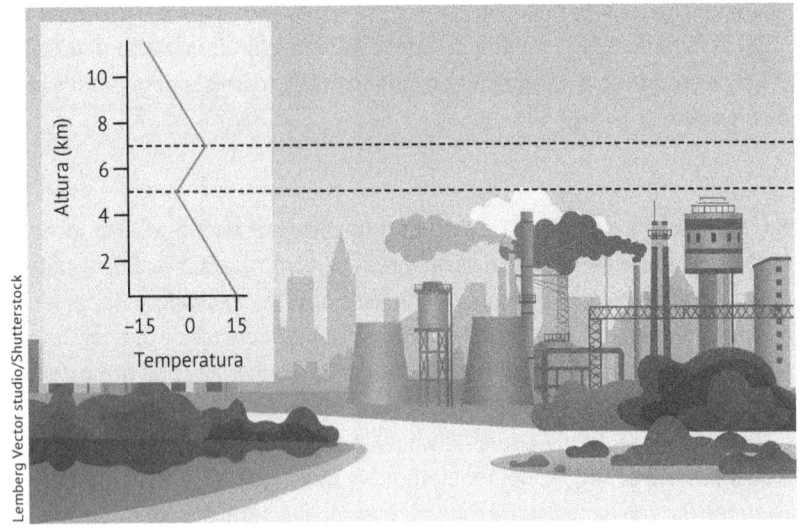

Fonte: Azeredo, 2011.

Inversão térmica, em suma, é uma condição meteorológica que ocorre quando uma camada de ar quente se sobrepõe a uma camada de ar frio, dificultando o movimento ascendente do ar, uma vez que o ar frio é mais pesado. A poluição emitida pela área urbanizada fica contida abaixo da camada de ar quente, criando uma faixa cinza no horizonte da cidade (normalmente designada pelo termo em inglês *smog*), resultado da poluição concentrada na camada mais próxima da superfície.

Uma consequência desse fenômeno é o acúmulo de poluentes no ar das cidades e o aumento de doenças respiratórias, como bronquite, asma, enfisema pulmonar e irritações nas mucosas.

Em dezembro de 1952, a cidade de Londres passou por uma grande catástrofe ambiental – denominada *Big Smoke* – e que causou a morte de milhares de pessoas. Esse fenômeno climático foi decorrente do *smog*, que consiste em uma massa de ar úmida, fria e densa (*fog*, ou "neblina"), unida à alta poluição atmosférica *(smoke,* ou "fumaça"), gerada pelo aumento na queima de combustíveis fósseis advindos da indústria e dos transportes. A isso, somou-se o fenômeno da inversão térmica, que durou quatro dias e impediu a dispersão atmosférica dos gases tóxicos. Cerca de 4 mil pessoas morreram nas semanas seguintes ao evento, majoritariamente, crianças e idosos que já apresentavam problemas respiratórios – como asma, bronquite e enfisema pulmonar – ou deficiências cardiovasculares. Estima-se, entretanto, que o total de mortes tenha ultrapassado 12 mil, somando-se as pessoas acometidas por infecções pulmonares nos meses posteriores ao nevoeiro.

DESTRUIÇÃO DA CAMADA DE OZÔNIO

O ozônio (O_3) é um dos gases que compõem a atmosfera, e cerca de 90% dele está na estratosfera. A camada de ozônio protege a superfície terrestre dos raios ultravioletas provindos do Sol, filtrando a radiação ultravioleta do tipo B (UV-B), nociva aos seres vivos. Ela encontra-se na porção inferior da estratosfera, localizada entre 20 e 35 km de altitude (Brasil, 2020; 2012).

Conforme Kirchhoff (1998), o uso de CFCs em refrigeradores e *sprays* aerossóis tem contribuído para a destruição da camada de ozônio, com consequências que incluem:

- » comprometimento da saúde dos seres vivos;
- » maior ocorrência de câncer de pele;
- » maior ocorrência de cataratas oculares;

- » morte de microrganismos, afetando a flora;
- » impactos negativos em cultivos agrícolas.

Os CFCs e outros gases muito ativos reagem quimicamente, destruindo as moléculas de ozônio e diminuindo a concentração desse gás na estratosfera. Com a remoção do ozônio, uma maior quantidade de raios ultravioletas atinge a superfície do planeta.

CHUVA ÁCIDA

A chuva ácida refere-se ao aumento da acidez da água da chuva, da neve e da neblina, causado pela poluição atmosférica. Seu potencial hidrogeniônico (pH) mais baixo, entre 5 e 2,2, torna-a nociva ao homem e à natureza. Sua produção deriva dos óxidos de enxofre (SO_2 e SO_3) e de nitrogênio (N_2O, NO e NO_2) presentes na atmosfera, que formam ácidos fortes, aumentando a acidez da água precipitada.

As chuvas ácidas causam vários efeitos no meio ambiente, tais como:

- » diminuição do pH em ambientes aquáticos, podendo causar a morte de animais;
- » inibição do crescimento de fitoplânctons, prejudicando a cadeia alimentar;
- » diminuição da biodiversidade;
- » enfraquecimento das plantas;
- » prejuízos à produtividade de solos;
- » destruição de bactérias e fungos simbiontes;
- » prejuízos à saúde humana (doenças);
- » deterioração de monumentos e construções.

É um problema mais comum em regiões industrializadas; no entanto, nuvens que contêm poluentes atmosféricos podem ser transportadas por longas distâncias, precipitando em outras regiões.

INDICADORES DA QUALIDADE DO AR

O nível da poluição atmosférica é medido pelo índice de qualidade do ar (IQAr) por meio da quantificação das principais substâncias poluentes dispersas na atmosfera. De acordo com a Resolução n. 491, de 19 de novembro de 2018 (Brasil, 2018), do Conselho Nacional do Meio Ambiente

(Conama), os padrões de qualidade do ar que devem ser considerados no cálculo do IQAr são:

- » material particulado MP10[1];
- » material particulado MP2,5[2];
- » dióxido de enxofre (SO_2);
- » dióxido de nitrogênio (NO_2);
- » ozônio (O_3);
- » fumaça;
- » monóxido de carbono (CO);
- » partículas totais em suspensão (PTS);
- » chumbo Pb5.

No Brasil, para definição do valor do IQAr são utilizados nove padrões de qualidade do ar, isto é, concentrações-limite de poluentes, acima das quais pode ocorrer danos à saúde humana e ambiental. Na Tabela 2.2, apresentamos os valores estabelecidos pela Resolução Conama n. 491/2018 que devem ser considerados no cálculo do IQAr.

Tabela 2.2 – Padrões de qualidade do ar

Poluente atmosférico	Período de referência	PI-1	PI-2	PI-3	PF	
		mg · m⁻³	mg · m⁻³	mg · m⁻³	mg · m⁻³	ppm
Material Particulado - MP10	24 horas	120	100	75	50	-
	Anual[1]	40	35	30	20	-
Material Particulado - MP2,5	24 horas	60	50	37	25	-
	Anual[1]	20	17	15	10	-
Dióxido de enxofre - SO_2	24 horas	125	50	30	20	-

(continua)

---

1 Partículas de material sólido ou líquido suspensas no ar com diâmetro aerodinâmico equivalente de 10 µm.

2 Partículas de material sólido ou líquido suspensas no ar com diâmetro aerodinâmico equivalente de 2,5 µm.

(Tabela 2.2 – conclusão)

Poluente atmosférico	Período de referência	PI-1	PI-2	PI-3	PF	
		mg·m^{-3}	mg·m^{-3}	mg·m^{-3}	mg·m^{-3}	ppm
Dióxido de nitrogênio - NO$_2$	Anual[1]	40	30	20	-	-
	1 hora[2]	260	240	220	200	-
Ozônio - O$_3$	Anual[1]	60	50	45	40	
	8 horas[3]	140	130	120	100	-
Fumaça	24 horas	120	100	75	50	
	Anual[1]	40	35	30	20	
Monóxido de carbono - CO	8 horas[3]	-	-	-	-	9
Partículas totais em suspensão - PTS	24 horas	-	-	-	240	
	Anual[4]	-	-	-	80	-
Chumbo - Pb5	Anual[1]	-	-	-	0,5	-

NOTA: 1 - média aritmética anual; 2 - média horária; 3 - máxima média móvel obtida no dia; 4 - média geométrica anual; 5 - medido nas partículas totais em suspensão
Fonte: Brasil, 2018.

Os valores estabelecidos pelo Conama respeitam as diretrizes da Organização Mundial da Saúde (OMS), além de seus critérios de implementação.

2.3.2 Poluição hídrica

A água é um solvente universal em virtude de sua capacidade de dissolução da maioria dos compostos inorgânicos. Por isso, dificilmente é encontrada na natureza em seu estado puro. Na forma líquida, a água também tem a capacidade de carregar substâncias suspensas, como argilas, cinzas e outras partículas finas; dependendo da velocidade de escoamento, carrega também partículas maiores. Assim como pode conter substâncias dissolvidas (sólidos dissolvidos) e substâncias suspensas (sólidos suspensos), a água pode transportar elementos orgânicos, inclusive patogênicos, como vírus e bactérias. O conjunto de todos esses elementos pode atribuir certas características à água, tornando-a imprópria para consumo e atividades humanas.

ASPECTOS QUALITATIVOS DA ÁGUA

Considera-se potável a água que apresenta parâmetros físicos, químicos e microbiológicos satisfatórios, isto é, que não causem efeitos negativos às atividades humanas, tampouco à saúde de seus usuários. Da mesma forma, ela precisa ser agradável ao consumo, ou seja, deve atender às exigências biológicas de seus usuários mantendo aspecto aprazível aos sentidos. Assim sendo, os seres humanos utilizam o tato, o paladar, a visão e o olfato para aceitá-la ou recusá-la para consumo. Uma temperatura amena, mais fresca, propicia uma melhor utilização, pois ambientes aquáticos muito quentes tendem a conter microrganismos, alguns prejudiciais à saúde. A água deve ser insípida; portanto, qualquer alteração de sabor pode ser um indicativo de contaminação. Também precisa ser transparente e translúcida; do contrário, pode apresentar elementos prejudiciais. Por fim, sendo inodora, alterações no cheiro também podem ser um indicativo de insalubridade.

Vale salientar que a água que apresenta alguma característica diferente das citadas anteriormente não necessariamente é prejudicial à saúde. Entretanto, evita-se seu consumo em razão das possibilidades de risco existentes. Essa primeira avaliação de qualidade, pautada nos sentidos, é denominada de *padrão organoléptico*.

> **Importante!**
>
> *Padrão organoléptico* é o conjunto de parâmetros relacionados a estímulos sensoriais que afetam a aceitação para consumo humano, mas que não necessariamente implicam risco à saúde.

A água considerada própria para o consumo humano é aquela definida como potável e deve ser submetida a análises físicas, químicas e microbiológicas, a fim de compará-la com padrões previamente estabelecidos, denominados *padrões de potabilidade*. No Brasil, tais padrões são estabelecidos pelo Ministério da Saúde, por meio de portarias – a vigente é a Portaria de Consolidação n. 5, de 28 de setembro de 2017 (Brasil, 2017b).

Para identificar a qualidade da água, devem ser verificados os **parâmetros indicativos** físicos, químicos e biológicos.

A seguir, listamos os **indicadores físicos** da boa procedência da água.

- » **Temperatura** – Medida da intensidade de calor. Influi na densidade, na viscosidade e na capacidade de oxigenação da água, estimula reprodução de microrganismos e interfere no poder de agentes desinfetantes. Medida em grau Celsius (°C).
- » **Cor** – Resultado da presença ou da ausência de sólidos dissolvidos na água. As causas podem ser diversas, sendo normalmente relacionadas à existência de ferro (Fe) ou manganês (Mn), ácidos únicos resultantes de decomposição da matéria orgânica e/ou algas. Em águas com contaminação antrópica, a cor pode estar relacionada aos compostos do esgoto doméstico (ex.: material fecal) ou em demais águas residuárias. Medida em unidade Hazen (mg Pt-Co · L^{-1} – miligramas de platina-cobalto por litro) ou uH.
- » **Turbidez** – Resultado da presença de sólidos suspensos como argila, cinza, areias, partículas orgânicas e inorgânicas. Afeta diretamente a capacidade de passagem da luz através da água. Fornecida em unidades de Turbidez (uT).
- » **Sólidos suspensos e dissolvidos** – Sólidos suspensos são os que, quando presentes na água e em águas residuárias, ficam retidos em uma membrana de 1,2 μm de porosidade em análise laboratorial. Sólidos dissolvidos, por sua vez, são aqueles que passam pela membrana, apresentando-se em estado solúvel ou coloidal. Ambos são expressos em unidade massa/volume (ex. mg · L^{-1}). Os sólidos suspensos podem ser divididos em sólidos sedimentáveis e não sedimentáveis. A primeira denominação pertence àqueles que sedimentam em um cone de Imhoff – recipiente cônico translúcido – em um período de tempo determinado, comumente uma hora. Seus resultados são expressos em volume/volume (mL · L^{-1}). A segunda categoria, por sua vez, corresponde àqueles que não sedimentam por ação da gravidade e somente serão removidos por ação físico-química, com ou sem auxílio microbiológico.
- » **Condutividade elétrica** – Capacidade da água em conduzir corrente elétrica. A água pura não é uma boa condutora de eletricidade, pois tem poucos íons livres. Entretanto, quanto maior a quantidade de

substâncias presentes na água, principalmente dissolvidas, maior é a quantidade de íons e, consequentemente, maior sua capacidade de conduzir eletricidade. Resultados são dados em milisiemens (mS).
» **Radioatividade** – É a capacidade de um elemento, natural ou artificial, de emitir partículas radioativas a fim de alcançarem estabilidade. Algumas águas naturais, principalmente subterrâneas, podem ser radioativas; estas devem ter uso descartado, caso valores acima do permitido sejam detectados. Contaminações antrópicas são raras, porém não devem ser desconsideradas. A unidade de medida é em $Bq \cdot L^{-1}$ becquerel por litro.

Os **parâmetros químicos** são igualmente importantes para indicar a qualidade da água. A seguir, detalhamos quais são eles:

» **Potencial hidrogeniônico (pH)** – É a quantidade de íons H^+ associada ao equilíbrio com íons OH^-. A faixa de variação do pH em condições normais encontra-se entre 0 e 14; as águas com valores inferiores a 7 são consideradas ácidas, e as águas com valores acima desse índice são definidas como alcalinas. O pH das águas naturais relaciona-se a sua origem. Quando ácidas, provocam corrosões e, quando alcalinas, podem causar incrustações pela sedimentação de material nas tubulações.
» **Alcalinidade** – É a capacidade da água de neutralizar ácidos. Isso se deve à presença de sais alcalinos, como cálcio (Ca), magnésio (Mg) e sódio (Na). É expressa em $mg \cdot L^{-1}$ de carbonato de cálcio ($CaCO_3$).
» **Acidez** – É a capacidade da água de neutralizar bases em razão da presença de ácidos fortes e fracos e de sais que apresentam caráter ácido (p. ex.: ácidos sulfúrico, nítrico, acético, carbônico, sais de sulfato de alumínio, cloreto férrico). O aparecimento dessas substâncias pode ocorrer em águas naturais ou na presença de contaminantes antrópicos. É expressa em $mg \cdot L^{-1}$ de $CaCO_3$.
» **Dureza** – É resultado da presença elevada de sais alcalinos, como cálcio (Ca), magnésio (Mg), sódio (Na) e alguns metais. Tais elementos podem atribuir sabor a água, redução da oleosidade natural do corpo, efeitos laxativos e incrustações em tubulações de caldeiras de vapor. Classificam a água como: mole, com concentração menor que 50 $mg \cdot L^{-1}$ de $CaCO_3$; moderada, entre 50 e 150 $mg \cdot L^{-1}$ de $CaCO_3$; dura, entre 150 e 300 $mg \cdot L^{-1}$ de $CaCO_3$; e muito dura, maior que 300 $mg \cdot L^{-1}$ de $CaCO_3$.

- » **Cloretos** – Compostos químicos com a presença de cloro (Cl) na forma iônica. Atribuem sabor salgado à água e propriedades laxantes. Provêm de depósitos minerais naturais, intrusão marinha em estuários, águas subterrâneas ou contaminação antrópica. São expressos em unidade $mg \cdot L^{-1}$.
- » **Ferro (Fe) e manganês (Mn)** – Têm origem natural ou antrópica e produzem cor, sabor metálico e maus odores em virtude da presença de microrganismos que se alimentam da oxidação do ferro. Podem tingir roupas claras com tons avermelhados (no caso do ferro) e amarronzados (no caso do manganês). São expressos em unidade $mg \cdot L^{-1}$.
- » **Nitrogênio** – Tem sua principal origem na contaminação da água por esgotos domésticos e industriais, por excretas de animais e pelo uso de fertilizantes no solo. Pode apresentar-se na forma de amônia (NH_4), nitrito (NO_2) e nitrato (NO_3), sendo a primeira extremamente tóxica à vida aquática. O NO_3 pode causar a chamada *síndrome do bebê azul*, uma forma de metemoglobinemia. É considerado um macronutriente e, portanto, uma das causas de fenômenos de floração de algas e cianobactérias em ambientes eutrofizados. É expresso em unidade $mg \cdot L^{-1}$.
- » **Fósforo** – Acompanhando o nitrogênio, o fósforo é encontrado na água pela contaminação com excretas de animais, fertilizantes e despejos domésticos e industriais. Pode ser encontrado na forma inorgânica ou orgânica. É o principal nutriente limitante, e, consequentemente, seu excesso auxilia na formação de ambientes aquáticos eutrofizados. É expresso em unidade $mg \cdot L^{-1}$.
- » **Fluoretos** – Aparecem de maneira natural, principalmente em águas subterrâneas. O íon flúor (F), particularmente, tem características benéficas na proteção dentária contra cáries; porém, em excesso, pode provocar perda da densidade óssea, dentes quebradiços e escurecidos (fluorose). São expressos em unidade $mg \cdot L^{-1}$.
- » **Oxigênio dissolvido (OD)** – É a quantidade de gás oxigênio dissolvida na água. É fundamental para todos os organismos aeróbios presentes nesse fluido, e sua ausência pode provocar mortandade de peixes e de outros animais. Pode ser medido em $mg \cdot L^{-1}$ ou em porcentagem, quando se leva em consideração a capacidade máxima de saturação de OD em função da temperatura, da salinidade e da pressão atmosférica.

» **Matéria orgânica** – É a contabilização do carbono orgânico disponível na água como nutriente ou como parte da estrutura de seres vivos. Seu excesso pode resultar em cor, odor, turbidez e consumo de OD. Existem diferentes metodologias para sua determinação, podendo ser: direta, pela estimativa da quantidade de carbono orgânico disponível (carbono orgânico total – COT); ou indireta, através da respiração de microrganismos aeróbios (demanda bioquímica de oxigênio – DBO), ou da oxidação forçada quimicamente (demanda química de oxigênio – DQO). A DBO é determinada em laboratório, observando-se a quantidade de oxigênio consumido pelos microrganismos aeróbios em função da oxidação da matéria orgânica, em um tempo e em uma temperatura determinados – geralmente cinco dias, sob temperatura de 20 °C. A DQO também é determinada em laboratório, porém a oxidação ocorre por meio da utilização de agentes químicos oxidantes em altas temperaturas. A DQO sempre superestima a DBO, pois a oxidação quimicamente forçada oxida não só a matéria orgânica facilmente biodegradável, mas também aquela que é menos ou não biodegradável. Portanto, os valores da DQO são sempre superiores àqueles da DBO em uma mesma amostra de água. A vantagem no uso desse método é que a determinação ocorre em cerca de duas horas, mais rápida quando comparada aos cinco dias da DBO. Todas as medições de matéria orgânica são expressas em $mg \cdot L^{-1}$.

» **Compostos inorgânicos** – São compostos elementares, principalmente metais, que, em grande quantidade, podem ser tóxicos à vida em geral. Podemos incluir arsênio, cádmio, cromo, chumbo, mercúrio, prata, cobre, zinco e outros. Para os compostos não metálicos considerados nesse item, acrescentam-se formas de cianetos (CN^{-1}). Os compostos inorgânicos podem ser encontrados naturalmente na água, dependendo de sua origem. Porém, quando encontrados em excesso, é comum que tenham sido lançados por atividades antrópicas, como pelo lançamento de resíduos industriais e mineração. São expressos em unidade $mg \cdot L^{-1}$.

» **Compostos orgânicos** – Série de compostos carbônicos que, geralmente, não são biodegradáveis; alguns são hidrofóbicos e podem entrar na cadeia alimentar (cadeia trófica) dos seres aquáticos, intoxicando-os. Muitos deles são bioacumulativos, ou seja, ficam armazenados no tecido adiposo dos organismos acometidos, podendo provocar efeitos tóxicos agudos nos organismos acometidos superiores da cadeia trófica. A contaminação da água por esses compostos é causada, exclusivamente, pela ação antrópica, sobretudo as de agricultura, por meio de defensivos agrícolas e despejos industriais. Como são muito tóxicos, esses tipos de compostos são pouco tolerados pelos seres vivos. Pequenas quantidades ingeridas podem causar efeitos graves ao longo do tempo e, em razão disso, geralmente os compostos orgânicos são expressos em $\mu g \cdot L^{-1}$.

Assim como os anteriores, os **padrões biológicos** são profundamente analisados para a possível constatação de qualidade da água.

» **Coliformes totais** – São bactérias do tipo gram-negativas, aeróbias ou anaeróbias, presentes em diversos lugares, inclusive na água. Com a exceção de estirpes de bactérias *Escherichia coli*, nenhuma bactéria do grupo coliforme causa doenças. É utilizado como indicativo de esterilização do meio; ou seja, se não é encontrada nenhuma bactéria do grupo coliforme, não há contaminação por nenhum outro tipo de agente biológico. Todas as determinações de microrganismos são expressas em número mais provável (NMP $\cdot$ 100mL^{-1}) ou em unidades formadoras de colônia (UFCO $\cdot$ 100mL^{-1}). Como subgrupo dos coliformes totais, são analisados os coliformes termotolerantes. Esse subgrupo de bactérias inclui os gêneros *Escherichia* sp., *Citrobacter* sp., *Enterobacter* sp. e *Klebsiella* sp. Esses gêneros de bactérias têm uma reprodução ideal em temperaturas em torno de 40 °C. A maioria provém do trato intestinal de animais cordados superiores de sangue quente, ou seja, aves e mamíferos; por isso, eram chamados de *coliformes fecais*. A denominação, porém, era errônea, já que as metodologias de detecção acabavam contabilizando a pequena parte que não provinha de animais. Apesar de estabelecida a nova denominação, ainda é comum encontrar em livros, reportagens e relatórios o termo *coliforme fecal*. A presença de coliformes termotolerantes indica que a água está contaminada por fezes de animais. Se existe essa contaminação, ela pode advir de agentes causadores de doenças. Há casos, porém, em que há ausência de coliformes termotolerantes e presença de coliformes totais, indicando que a água não está contaminada por fezes, mas não se encontra livre de microrganismos. A *Escherichia* *coli* é uma espécie do grupo coliforme total que só existe no trato intestinal de seres humanos. Assim, uma vez detectada, é indicadora de contaminação por fezes humanas.

» **Algas e cianobactérias** – Em águas naturais superficiais, é muito comum encontrar algas. Entretanto, quando esses organismos estão presentes em grande quantidade, podem indicar a existência de um ambiente eutrofizado, que aumenta a cor e a turbidez do meio. Além disso, também conferem à água sabor e odor desagradável quando de sua decomposição. Excluindo esses fatores organolépticos, as algas em si são pouco problemáticas em relação às cianobactérias, que são seres unicelulares procariontes também fotossintetizantes. Conhecidas como *algas verde-azuis*, muitas delas produzem toxinas danosas à vida aquática e humana. Além disso, com sua presença, a água tende a apresentar odor e sabor ruins. Para mensurar a quantidade de algas e de cianobactérias, é quantificada a clorofila-α presente no mar. Um aumento significativo de clorofila-α pode indicar um aumento de cianobactérias. Nesse caso, é necessário realizar análises da presença de microcistinas e saxitoxinas, chamadas de *cianotoxinas*, que são as toxinas mais comuns produzidas por cianobactérias. Dependendo dos limites estabelecidos, a captação da água para uso pode ser inviabilizada. A clorofila-α é expressa em $mg \cdot L^{-1}$, e as cianotoxinas em $\mu g \cdot L^{-1}$.

No Brasil, os **padrões de potabilidade** são definidos pela Portaria de Consolidação n. 5/2017 do Ministério da Saúde. Essa portaria consolida as normas sobre ações e serviços de saúde do Sistema Único de Saúde (SUS) e, em seu Anexo XX, dispõe sobre o controle e vigilância da qualidade da água para consumo humano e seu padrão de potabilidade (Brasil, 2017b).

Importante!

Aqui, cabe uma ressalva: a consolidação consiste em unificar todas as normas pertinentes a uma mesma matéria – nesse caso, ações de interesse à saúde pública – em um único ato normativo. A validade e o alcance das normas consolidadas, entretanto, continua em vigor, inclusive a Portaria n. 2.914, de 12 de dezembro de 2011, do Ministério da Saúde, a qual estabelece procedimentos de controle e de vigilância da qualidade da água para consumo humano e seu padrão de potabilidade (Brasil, 2011b).

Assim, no Anexo XX da Portaria de Consolidação n. 5/2017, são expressos os limites de contaminantes físicos, químicos e microbiológicos presentes em águas destinadas à potabilidade. No documento também consta a frequência e a quantidade das análises necessárias para avaliação das águas bruta e tratada, considerando-se o porte do sistema de abastecimento. Ainda, são descritas as competências da União, dos estados e dos municípios quanto à vigilância do sistema, ao tempo de contato dos agentes desinfetantes com relação ao pH e à temperatura, ao processo de adição de flúor e aos limites de formação de produtos oriundos do tratamento de desinfecção (cloraminas) (Brasil, 2017b).

Como destaque, é possível citar: a obrigatoriedade da manutenção de, no mínimo, 0,2 mg $\cdot$ L^{-1} de cloro residual livre, 2 mg $\cdot$ L^{-1} de cloro residual combinado, ou 0,2 mg $\cdot$ L^{-1} de dióxido de cloro em toda a extensão do sistema de distribuição; a manutenção do teor máximo de cloro residual livre, em qualquer ponto do sistema de abastecimento, em 2,0 mg $\cdot$ L^{-1}; o monitoramento do pH da água, que deve se manter entre 6 e 9,5; a especificação dos limites de concentração para o ferro e o manganês, que não devem ultrapassar 2,4 e 0,4 mg $\cdot$ L^{-1}, respectivamente (Brasil, 2017b).

Para usos diversos que não o de abastecimento, outros padrões podem ser exigidos, mais ou menos restritivos em decorrência do tipo de uso e da atividade em que a água será empregada. A água para uso industrial, por exemplo, pode aceitar padrões que não sejam necessariamente aqueles de potabilidade, uma vez que águas de processo e de resfriamento são menos exigentes. As indústrias farmacêuticas e de eletrônicos, por outro lado, exigem uma pureza muito maior que aquela permitida para a água potável.

Outro padrão que deve ser mencionado é o da água mineral e o daquelas purificadas com adição de sais. Muitas águas minerais e purificadas comerciais não atendem a vários parâmetros de potabilidade em razão do excesso de sais, do pH diferenciado e da ausência de flúor e de cloro residual, por exemplo, tornando especiais esses tipos de águas conforme os parâmetros a serem considerados.

Para saber mais

Portaria n. 2.914/2011 e Portaria de Consolidação n. 5/2017: o que muda?
A consolidação das normas que tratavam sobre a saúde pública em uma única portaria gerou algumas preocupações relativas às possíveis alterações nos padrões de potabilidade, normatizados em portaria anterior do Ministério da Saúde. Entretanto, ao contrário do que muitos pensavam, nada foi alterado

Meio ambiente

> quanto a esses parâmetros, que continuam apresentando os mesmos limites especificados anteriormente. Portanto, determinações importantes, como a frequência de amostragem para análises em sistemas de abastecimento e distribuição, assim como os limites permitidos de cloro residual na água tratada permanecem os mesmos.
>
> Para entender mais sobre os padrões de potabilidade e sua regulamentação, acesse a Portaria de Consolidação n. 5/2017 no endereço eletrônico a seguir indicado.
>
> BRASIL. Ministério da Saúde. Portaria de Consolidação n. 5, de 28 de setembro de 2017. **Diário Oficial da União**, Brasília, DF, set. 2017. Disponível em: <https://portalarquivos2.saude.gov.br/images/pdf/2018/marco/29/PRC-5-Portaria-de-Consolida----o-n---5--de-28-de-setembro-de-2017.pdf>. Acesso em: 17 jul. 2020.

Por fim, ressaltamos que os padrões da água para fins esportivos e de balneabilidade também são distintos dos padrões de potabilidade. Dessa forma, é interessante verificar outros padrões para casos específicos.

CLASSIFICAÇÃO DOS CURSOS DE ÁGUA

A Resolução Conama n. 357, de 17 de março de 2005, e suas alterações estabelecem a classificação de qualidade para as águas superficiais doces, salobras e salinas segundo a qualidade requerida para seus usos preponderantes (Brasil, 2005b).

> **Para saber mais**
>
> A Resolução Conama n. 357/2005 e a Resolução Conama n. 430, de 13 de maio de 2011, que complementa e altera a primeira (Brasil, 2005b; 2011c), são importantes para o estudo do saneamento ambiental, principalmente das águas para abastecimento e das águas residuárias. Acesse na íntegra os textos dessas normas nos endereços eletrônicos a seguir indicados e procure familiarizar-se com elas.
>
> BRASIL. Ministério do Meio Ambiente. Conselho Nacional do Meio Ambiente. Resolução n. 357, de 17 de março de 2005. **Diário Oficial da União**, Brasília, DF, 18 mar. 2005. Disponível em: <https://www.icmbio.gov.br/cepsul/images/stories/legislacao/Resolucao/2005/res_conama_357_2005_classificacao_corpos_agua_rtfcda_altrd_res_393_2007_397_2008_410_2009_430_2011.pdf >. Acesso em: 17 jul. 2020.
>
> BRASIL. Ministério do Meio Ambiente. Conselho Nacional do Meio Ambiente. Resolução n. 430, de 13 de maio de 2011. **Diário Oficial da União**, Brasília, DF, 16 maio 2011. Disponível em: <http://www2.mma.gov.br/port/conama/legiabre.cfm?codlegi=646>. Acesso em: 17 jul. 2020.

As águas doces se dividem em cinco classes, as águas salinas, em quatro classes, e as salobras, também em quatro classes, totalizando 13 classes de qualificação. Essa classificação visa ao enquadramento das águas superficiais, quanto ao nível de qualidade que devem apresentar para determinados usos, e não necessariamente a situação atual da qualidade da água, estabelecendo limites ou condições máximas para parâmetros físicos, químicos e biológicos. Dependendo de sua classificação, as águas podem ou não ser utilizadas para fins específicos, como o consumo, a dessedentação de animais, o lazer ou o equilíbrio ecológico aquático. Os possíveis usos da água, de acordo com seu enquadramento, encontram-se descritos no Quadro 2.1, a seguir.

Quadro 2.1 – Possíveis usos da água de acordo com o enquadramento especificado na Resolução Conama n. 357/2005

Águas doces					
Uso da água	Classe				
	Especial	1	2	3	4
Abastecimento doméstico, com simples desinfecção		X			
Abastecimento doméstico, após tratamento simplificado			X		
Abastecimento doméstico, após tratamento convencional				X	
Abastecimento doméstico, após tratamento convencional ou avançado					X
Preservação do equilíbrio natural das comunidades aquáticas	X				
Preservação dos ambientes aquáticos em unidades de conservação de proteção integral	X				
Proteção das comunidades aquáticas		X	X		
Recreação de contrato primário (natação, esqui aquático e mergulho)		X	X		
Irrigação de hortaliças que são consumidas cruas e de frutas que se desenvolvem rentes ao solo e que sejam ingeridas cruas, sem remoção de película		X			
Proteção das comunidades aquáticas em terras indígenas			X		

(continua)

Meio ambiente

(Quadro 2.1 - continuação)

Águas doces

Uso da água	Classe				
	Especial	1	2	3	4
Irrigação de hortaliças e plantas frutíferas e de parques, jardins, campos de esporte e lazer, com os quais o público possa vir a ter contato direto			X		
Irrigação de culturas arbóreas, cerealíferas e forrageiras				X	
Aquicultura e atividade de pesca			X		
Pesca amadora				X	
Recreação de contato secundário				X	
Dessedentação de animais				X	
Navegação					X
Harmonia paisagística					X

Águas salinas

Uso da água	Classe			
	Especial	1	2	3
Preservação do equilíbrio natural das comunidades aquáticas	X			
Preservação dos ambientes aquáticos em unidades de conservação de proteção integral	X			
Proteção das comunidades aquáticas		X		
Recreação de contrato primário (natação, esqui aquático e mergulho)		X		
Aquicultura e atividade de pesca		X		
Pesca amadora			X	
Recreação de contato secundário			X	
Navegação				X
Harmonia paisagística				X

Águas salobras

Uso da água	Classe			
	Especial	1	2	3
Preservação do equilíbrio natural das comunidades aquáticas	X			
Preservação dos ambientes aquáticos em unidades de conservação de proteção integral	X			

(continua)

(Quadro 2.1 – conclusão)

Águas salobras				
Uso da água	Classe			
	Especial	1	2	3
Proteção das comunidades aquáticas		X		
Recreação de contrato primário (natação, esqui aquático e mergulho)		X		
Abastecimento doméstico, após tratamento convencional ou avançado		X		
Irrigação de hortaliças e plantas frutíferas e de parques, jardins, campos de esporte e lazer, com os quais o público possa vir a ter contato direto		X		
Aquicultura e atividade de pesca	X			
Pesca amadora			X	
Recreação de contato secundário			X	
Navegação				X
Harmonia paisagística				X

Fonte: Elaborado com base em Brasil, 2005b.

Para realizar o enquadramento, é necessário avaliar um conjunto de parâmetros físicos, químicos e biológicos que forneçam um diagnóstico da qualidade das águas superficiais, conforme disposto na Tabela 2.3.

Tabela 2.3 – Padrões de qualidade para águas superficiais conforme Resolução Conama n. 357/2005

Parâmetro	Unidade	Classe 1	Classe 2	Classe 3	Classe 4
Materiais flutuantes	-	v. a [1]	v. a	v. a	v. a
Óleos e graxas	-	v. a	v. a	v. a	[2]
Gosto e odor	-	v. a	v. a	v. a	[3]
Corantes artificiais	-	v. a	[4]	[4]	-
Sólidos dissolvidos	$mg \cdot L^{-1}$	500	500	500	-

(continua)

(Tabela 2.3 – conclusão)

Parâmetro	Unidade	Classe 1	Classe 2	Classe 3	Classe 4
Coliformes termotolerantes	NPM · 100 mL^{-1}	200 [5]	1000 [5]	2500 [6] 1000 [7] 4000	-
DBO$_5$	mg · L^{-1} O$_2$	3	5	10	-
Oxigênio dissolvido	mg · L^{-1} O$_2$	6	5	4	2
Turbidez	UT	40	100	100	-
Cor verdadeira	mg · L^{-1} Pt	natural	75	75	-
pH	-	6.0 a 9.0	6.0 a 9.0	6.0 a 9.0	6.0 a 9.0
Fósforo total	mg · L^{-1} P	0,020 [8] 0,025 [9] 0,1 [10]	0,030 [8] 0,050 [9] 0,1 [10]	0,050 [8] 0,075 [9] 0,15 [10]	-
Nitrato	mg · L^{-1} N	10	10	10	-
Nitrogênio amoniacal	mg · L^{-1} N	3,7; para pH ≤ 7,5 2,0; para 7,5 < pH ≤ 8,0 1,0; para 8,0 < pH ≤ 8,5 0,5; para pH > 8,5	3,7; para pH ≤ 7,5 2,0; para 7,5 < pH ≤ 8,0 1,0; para 8,0 < pH ≤ 8,5 0,5; para pH > 8,5	13,3; para pH ≤ 7,5 5,6; para 7,5 < pH ≤ 8,0 2,2; para 8,0 < pH ≤ 8,5 1,0; para pH > 8,5	-

Legenda: v. a.: virtualmente ausentes ; [2] toleram-se iridescências; [3] odor e aspecto: não objetáveis; [4] ausência de corantes artificiais que não sejam removíveis por processo de coagulação, sedimentação e filtração convencionais; [5] em 80% ou mais de pelo menos seis amostras coletadas durante o período de um ano, com frequência bimestral; [6] para recreação de contato secundário; [7] para dessedentação de animais criados confinados; [8] ambiente lêntico; [9] ambiente intermediário e tributários diretos de ambiente lêntico; [10] ambiente lótico e tributários de ambientes intermediários.

Fonte: Elaborado com base em Brasil, 2005b.

A Tabela 2.3 reúne os padrões de qualidade para águas superficiais estabelecidos pela Resolução Conama n. 357/2005 (Brasil, 2005b), os quais estão vigentes até a data de publicação desta obra.

PRINCIPAIS FONTES DE POLUIÇÃO HÍDRICA

A poluição dos recursos hídricos abrange as dimensões sanitária, ambiental, econômica, social e de saúde. A escassez de água potável, a demanda por água maior que a quantidade disponível em diversas regiões, a contaminação das bacias por rejeitos domésticos e industriais, o aumento da população global, a extração de recursos naturais e a supressão de matas ciliares são indicadores de uma crise ambiental mundial. Infelizmente, conflitos e disputas por esse recurso, entre os diversos segmentos da sociedade, tendem a se intensificar.

Os poluentes podem atingir os recursos hídricos de duas maneiras: por uma fonte de poluição pontual e/ou por uma de poluição difusa. A seguir, evidenciamos as diferenças entre elas.

» **Poluição pontual** – As cargas pontuais atingem o corpo de água de forma concentrada no espaço.
» **Poluição difusa** – Os poluentes são introduzidos no corpo de água, distribuídos ao longo de toda, ou parte, de sua extensão.

As cargas pontuais são introduzidas no meio ambiente por meio de lançamentos individualizados, de forma concentrada no espaço; como exemplo, podemos citar o lançamento de esgotos sanitários e de efluentes industriais. Os lançamentos pontuais são mais facilmente identificados e, assim, podem ser mais bem controlados.

As cargas difusas são mais difíceis de serem identificadas e controladas, uma vez que não há um ponto de lançamento específico ou um local preciso de geração. Podem manifestar múltiplos instantes de descarga, resultantes do escoamento em áreas urbanas e/ou agrícolas. Em períodos chuvosos, ocorrem em maior intensidade, com concentrações bastante elevadas dos poluentes. Exemplos: a infiltração de agrotóxicos no solo advindos de campos agrícolas e o aporte de nutrientes em córregos e rios mediante drenagem urbana.

As ações de controle de poluição de fontes pontuais (origem doméstica e industrial) ou difusas (origem urbana e agrícola) devem promover a adequação da qualidade dos corpos hídricos na respectiva classe de qualidade.

Os poluentes da água, conforme sua natureza e seus impactos, podem ser classificados em:

» poluentes orgânicos biodegradáveis;
» poluentes orgânicos recalcitrantes;
» metais pesados e nutrientes;
» organismos patogênicos;
» calor e radioatividade.

Segundo Studart e Campos (2001), com base nesse grupo de compostos poluentes, a poluição hídrica classifica-se em:

» poluição térmica, decorrente da descarga de efluentes a altas temperaturas;
» poluição química, pela introdução de substâncias tóxicas na água;
» poluição biológica, resultante da descarga de bactérias patogênicas, vírus e outros organismos.

A poluição das águas pode, dessa forma, ocorrer por lançamentos de esgotos sanitários e águas residuárias industriais, pela lixiviação e percolação de fertilizantes e pesticidas, por precipitação de efluentes atmosféricos, assim como pela inadequada disposição final dos resíduos sólidos.

AUTODEPURAÇÃO DOS CORPOS DE ÁGUA

Os corpos de água apresentam condições naturais de recuperação após o recebimento de uma carga poluidora orgânica. O conhecimento da capacidade de autodepuração de cada corpo hídrico é fundamental para controlar os efeitos de poluentes, estimando-se a quantidade de efluentes que ele é capaz de receber conseguindo preservar suas características naturais.

Trata-se de um fenômeno de sucessão ecológica, vinculado ao restabelecimento do equilíbrio no meio aquático. Busca-se atingir o estágio inicial encontrado antes do lançamento de efluentes por meio de mecanismos essencialmente naturais (Sperling, 1996).

A autodepuração é, portanto, um processo natural, decorrente da associação de vários processos de natureza física (diluição, sedimentação e reaeração atmosférica), química e biológica (oxidação e decomposição).

No processo de autodepuração, há um balanço entre as fontes de consumo e de produção de oxigênio. Os principais fenômenos interferentes no **consumo de oxigênio** são: oxidação da matéria orgânica; nitrificação;

e demanda bentônica. Já os processos que interferem na **produção de oxigênio**: a reaeração atmosférica; e a fotossíntese.

A introdução de matéria orgânica em um corpo de água resulta, indiretamente, no consumo de oxigênio dissolvido. Isso ocorre em razão dos processos de estabilização da matéria orgânica realizados pelas bactérias decompositoras, as quais utilizam o oxigênio disponível no meio líquido para sua respiração. O decréscimo da concentração de oxigênio dissolvido tem diversas implicações do ponto de vista ambiental, constituindo-se, como já apresentado, em um dos principais problemas de poluição das águas no meio ambiente.

A determinação da **concentração de oxigênio dissolvido** nos corpos de água é fundamental, uma vez que esse elemento está envolvido em praticamente todos os processos químicos e biológicos ou, de alguma forma, exerce influência sobre eles. Concentrações inferiores a 5 mg$\cdot$L^{-1} podem prejudicar o funcionamento e a sobrevivência das comunidades biológicas.

É de grande importância o conhecimento do fenômeno de autodepuração e de sua quantificação, tendo em vista os seguintes objetivos:

» **Utilizar a capacidade de assimilação dos rios**: Em uma visão prática, pode-se considerar que a capacidade de um corpo de água em assimilar os despejos, sem sofrer problemas ambientais, é um recurso natural que pode ser explorado. Essa visão realística é de grande importância para o Brasil, país em que a carência de recursos justifica a utilização de cursos de água como complementação dos processos de tratamento de esgotos, desde que feito com parcimônia e em conformidade com critérios técnicos seguros e bem-definidos.

» **Impedir o lançamento de despejos acima do que possa suportar o corpo de água**: Dessa forma, a capacidade de assimilação do corpo de água pode ser utilizada até um ponto aceitável e não prejudicial, não sendo admitido o lançamento de cargas poluidoras acima desse limite.

A autodepuração pode ser dividida em **zonas**, de acordo com a dimensão longitudinal do curso de água que recebe a matéria orgânica ao longo do tempo. As zonas apresentam características e comportamentos distintos com relação à matéria orgânica e ao oxigênio dissolvido. São elas: zona de degradação, zona de decomposição ativa, zona de recuperação e zona de águas limpas. No Quadro 2.2, cada uma delas é caracterizada para melhor compreensão.

Quadro 2.2 – Zonas de autodepuração de corpos de água

Zona	Características
Zona de degradação	• Início após o lançamento de esgotos. • Alta concentração de matéria orgânica em estágio complexo. • Esteticamente, tem: aparência turva com formação de bancos de lodo (condições anaeróbias e geração de gás sulfídrico que causa odor desagradável). • Elevado consumo de oxigênio para estabilizar a matéria orgânica. • Início da proliferação bacteriana com predominância de formas aeróbias. • Aumento no teor de gás carbônico (subproduto da respiração). • Diminuição do pH (formação de ácido carbônico). • Compostos nitrogenados em teores elevados. • Sensível diminuição do número de espécies de seres vivos, mas com espécies mais adaptadas com mais indivíduos. • Grande quantidade de patogênicos em esgoto doméstico. • Há protozoários (alimentam-se de bactérias) e fungos (alimentam-se de matéria orgânica). • Presença rara de algas e elevada turbidez. • Evasão de crustáceos, moluscos, peixes e outros animais marinhos.
Zona de decomposição ativa	• Início de reorganização do ecossistema. • Há microrganismos atuando na decomposição da matéria orgânica. • Estado mais deteriorado da qualidade da água. • Coloração acentuada e depósitos de lodo no fundo. • Menor concentração de OD (condições de anaerobiose). • Vida anaeróbia predomina sobre a aeróbia. • Bactérias reduzem-se (carecem de alimento, luz, floculação, adsorção e precipitação). • Maior parte do nitrogênio na forma de amônia (oxidando a nitrito no final desta zona). • Número de patogênicos diminui (não resistentes às novas condições ambientais). • Número de protozoários cresce. • Macrofauna ainda com espécies restritas.

(continua)

(Quadro 2.2 – conclusão)

Zona	Características
Zona de recuperação	• Água mais clara e aparência melhor. • Lodo sedimentado com aparência granular (diminuição na emissão de gases). • Matéria orgânica bem-estabilizada (compostos inertes). • Consumo de oxigênio mais reduzido. • Aumento no teor de oxigênio (retração atmosférica > consumo de OD). • Extinção das condições anaeróbias. • Amônia convertida em nitritos e nitratos. • Fósforo convertido em fosfatos. • Desenvolvimento de algas (nutrientes e luz). • Aumento da atividade fotossintética (aumento no teor de oxigênio). • Redução do número de bactérias e protozoários. • Surgimento de microcrustáceos, vermes, dinoflagelados, esponjas, musgos e larvas de insetos. • Surgimento dos primeiros peixes, mais tolerantes (cadeia alimentar mais diversificada).
Zona de águas limpas	• Condições normais de teores de oxigênio, de matéria orgânica e de bactérias. • Aparência semelhante à anterior no ponto de vista da poluição. • Predominância dos compostos minerais em formas oxidadas e estáveis. • Concentração de OD próxima à de saturação. • Maior riqueza em nutrientes. • Maior produção de algas. • Restabelecimento da cadeia alimentar (grandes crustáceos e vários peixes). • Grande diversidade de espécies. • Ecossistema estável (clímax da comunidade).

Fonte: Elaborado com base em Brasil, 2008.

Conforme apresentado no Quadro 2.2, a sucessão microbiológica é um fenômeno fundamental para a autodepuração de corpos de água. Assim, a depender das condições do meio e considerando-se o aporte de matéria orgânica, nutrientes e oxigênio, é possível observar mudanças nas espécies microbianas que colonizam o ambiente. A Figura 2.7 apresenta um diagrama, relacionando a presença de bactérias aeróbias, oxigênio dissolvido (OD) e matéria orgânica, na forma de DBO, com as diferentes fases da autodepuração de um corpo de água.

Figura 2.7 – Concentração relativa de OD, DBO e bactérias aeróbias ao longo das zonas de autodepuração de um corpo de água

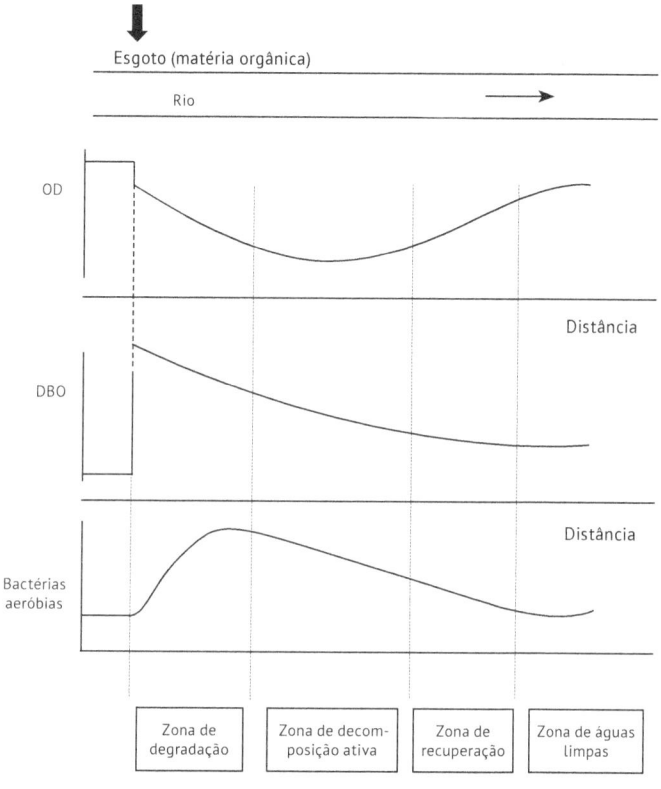

Fonte: Sperling, 2005, p. 141.

De acordo com a Figura 2.7, ocorre alteração nas concentrações de oxigênio, matéria orgânica e bactérias aeróbias ao longo das zonas de autodepuração. Para o oxigênio, a depleção máxima deve ocorrer na zona de decomposição ativa, quando também há o aumento da atividade das bactérias aeróbias. Justamente nessa fase, deve acontecer a diminuição da matéria orgânica (indicada na forma de DBO), que é consumida pelas bactérias aeróbias com o oxigênio. Ao longo da zona de recuperação, até ser atingida a zona de águas limpas, sucede a estabilização da concentração da matéria orgânica, cujo maior aporte já foi decomposto nas zonas anteriores. Como consequência, a concentração de bactérias aeróbias também se estabiliza, permitindo o aumento da quantidade de oxigênio dissolvido no meio.

Para saber mais

Na obra a seguir indicada, do ganhador do prêmio Pulitzer, Jared Diamond, é analisado o declínio de algumas civilizações antigas e as trajetórias que as levaram ao colapso. Além disso, o autor faz um levantamento de tudo o que se pode tirar de proveitoso dessas situações.

DIAMOND, J. **Colapso**: como as sociedades escolhem o fracasso ou o sucesso. Rio de Janeiro: Record, 2005.

Síntese

Neste capítulo, apresentamos a estrutura interna e externa da Terra, assim como seus compartimentos – litosfera, atmosfera e hidrosfera. Cada um desses ambientes inter-relaciona-se com os organismos de diferentes ecossistemas, constituindo a biosfera. Também descrevemos as etapas do ciclo hidrológico, discutindo sua importância para a manutenção da vida no planeta.

Todos os compartimentos terrestres são severamente impactados pelas atividades antrópicas, as quais figuram entre os fatores desencadeadores de fenômenos como chuva ácida, aquecimento global e depleção da camada de ozônio, todos conceituados e discutidos ao longo do capítulo. Analisamos, ainda, a poluição dos corpos hídricos, que pode ocorrer mediante fontes pontuais ou difusas e acarreta graves danos à saúde humana e ao equilíbrio do meio ambiente.

Nesse contexto, torna-se necessário estabelecer parâmetros de qualidade da água para que a adequação da gestão e do monitoramento dos ecossistemas aquáticos. Considerando-se o consumo humano, é preciso também estabelecer padrões de potabilidade que assegurem a salubridade da água distribuída. Esses padrões, assim como as técnicas de amostragem e monitoramento da água potável, são especificados pela Portaria de Consolidação n. 5/2017, do Ministério da Saúde.

Encerramos o capítulo evidenciando a capacidade de recuperação natural que existe nos corpos hídricos. Esse processo, denominado *autodepuração de corpos de água*, é fundamental para manter o equilíbrio dos ecossistemas e pode ser utilizado como uma ferramenta bastante útil na gestão das águas no Brasil.

Questões para revisão

1. (Vunesp – 2009 – Cetesb) Para minimizar o "efeito estufa", uma indústria, comprometida com o meio ambiente, deverá, em todas as etapas de sua produção, reduzir:
   I. A emissão do gás carbônico, metano e óxido nitroso.
   II. A emissão de monóxido de carbono.
   III. A emissão dos gases clorofluorcarbonos.

   Está correto o contido, apenas, em:
   a. I e III.
   b. I e II.
   c. III.
   d. II.
   e. I.

2. (CS/UFG – 2018 – Saneago) A autodepuração de corpos hídricos é um processo natural formado por reações de restabelecimento do equilíbrio aquático após alterações desencadeadas por fontes poluidoras. O processo pode ser conceitualmente dividido nas zonas apresentadas na figura a seguir, cada uma com características próprias que dizem respeito à concentração de OD e DBO, além das formas predominantes de nitrogênio e fósforo.

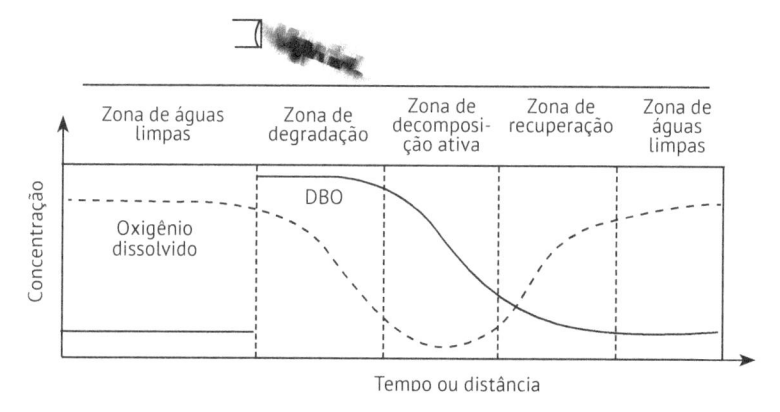

Fonte: Disponível em: <http://www.ib.usp.br/revista/>. Acesso em: 8 jan. 2018.

Assim, a conversão da amônia a nitrito e deste a nitrato, bem como dos compostos de fósforo a fosfatos, ocorre na seguinte zona de autodepuração:
a. zona de águas limpas.
b. zona de decomposição ativa.
c. zona de recuperação.
d. zona de degradação.

3. (Fauel – 2019 – Prefeitura de Guarapuava/PR) A poluição da água é a alteração das suas características por quaisquer ações ou interferências, sejam elas naturais ou provocadas pelo homem. O processo de poluição por eutrofização pode ser avaliado em função do seu desequilíbrio ecológico. São evidências comuns do desequilíbrio ecológico causadas por eutrofização em corpos hídricos, EXCETO:
a. Diminuição da demanda bioquímica de oxigênio.
b. Diminuição do processo de aeração superficial.
c. Aumento da biomassa vegetal.
d. Aumento da população de bactérias anaeróbicas no fundo do corpo.

4. (Cespe/UnB – 2007 – IEMA/ES) As atividades antrópicas têm grande potencial para gerar poluentes para o meio atmosférico, com consequências negativas para o meio ambiente e para o homem. O impacto dessa poluição depende de diversos fatores, tais como do clima local, da topografia e das características das atividades poluidoras. Para atacar esse problema, as atividades de controle da poluição do ar utilizam alguns meios para diminuir ou evitar a emissão de poluentes. Acerca dessa questão, julgue os itens seguintes como certo ou errado.
( ) A substituição da queima de combustível fóssil por energia hidrelétrica permite reduzir a emissão de dióxido de enxofre.
( ) Por estar acima da área de influência da camada de inversão térmica, chaminés altas são alternativas eficazes para evitar o problema da chuva ácida.
( ) O material particulado originado em plantas industriais é composto por partículas de material sólido e líquido, originados principalmente nos processos de combustão.
( ) O separador ciclônico, empregado na lavagem de gases, é eficaz na remoção de partículas mais finas.

( ) Filtros de manga ou de tecido, empregados no tratamento de efluentes gasosos, têm alta eficiência na remoção de material particulado.

5. (UFG – 2018 – Saneago) A Lei Federal n. 11.445/2007 definiu que os serviços públicos de saneamento básico serão prestados com base em princípios fundamentais como universalização do acesso; integralidade; adoção de métodos, técnicas e processos que considerem as peculiaridades locais e regionais; eficiência e sustentabilidade econômica; utilização de tecnologias apropriadas, considerando a capacidade de pagamento dos usuários e a adoção de soluções graduais e progressivas; transparência das ações, baseada em sistemas de informações e processos decisórios institucionalizados; controle social e segurança, qualidade e regularidade, dentre outros.
Estabeleceu, também, o Plano de Saneamento Básico (PSB) e seu conteúdo mínimo. Desta forma, defina o PSB e apresente quatro aspectos técnicos do conteúdo mínimo que, segundo a lei, um plano dessa natureza deve abranger.

Questões para reflexão

1. Por serem prejudiciais à integridade da camada de ozônio, muitos produtos contendo CFCs (clorofluorcarbonetos) têm sido substituídos por análogos com HFCs (hidrofluorcarbonetos), nos quais os átomos de cloro, agressivos ao ozônio, são substituídos por hidrogênio. Entretanto, o HFC não é inofensivo ao meio ambiente e seu aumento na atmosfera tem preocupado pesquisadores e organizações ambientais. Tendo isso em mente, pesquise e responda: Quais são os riscos ambientais associados ao uso indiscriminado de produtos que contêm HFC?
2. Os corpos hídricos têm capacidade de autodepuração, isto é, estão aptos a degradar compostos orgânicos e nutrientes em excesso, retomando o equilíbrio do ambiente aquático. Entretanto, essa capacidade é insuficiente em ambientes hídricos com elevada carga orgânica, como inúmeros trechos dos rios Tietê e Iguaçu, por exemplo. Por que isso ocorre? Como é possível recuperar a capacidade de autodepuração desses ambientes?

Capítulo 3

Sistemas de abastecimento de água

Conteúdos do capítulo
» Conceitos fundamentais de sistemas de abastecimento de água.
» Análise da distribuição de água.
» Infraestrutura dos sistemas de abastecimento.

Após o estudo deste capítulo, você será capaz de:
1. relacionar os princípios básicos de sistemas de abastecimento de água;
2. estimar a vazão de água para abastecimento;
3. determinar o consumo *per capita* de água;
4. indicar as variações de consumo de água por uma população;
5. estimar a população de atendimento futuro de água tratada;
6. descrever a infraestrutura necessária para um sistema convencional de abastecimento de água;
7. identificar os tipos de mananciais de água que podem ser utilizados para o abastecimento público;
8. reconhecer as etapas do tratamento de água;
9. apontar alternativas de tratamento de água.

Quem acredita ser simples o ato de abrir uma torneira e dela sair água limpa e em quantidade suficiente para atender a todas as atividades diárias não consegue imaginar as tecnologias e a infraestrutura necessárias para que isso ocorra. Quando inexiste o serviço de fornecimento de água, surgem as preocupações e os problemas relacionados aos locais e àqueles que vivem sem sistemas de atendimento e de saneamento básico.

Como explicamos nos capítulos anteriores, a água é um elemento fundamental, que não está disponível para uso de forma simples e imediata. Neste capítulo, descreveremos todas as etapas que compõem um sistema de abastecimento de água e suas tecnologias.

3.1 Conceitos e princípios

Primeiramente, devemos tratar dos aspectos referentes à quantidade de água que precisa ser produzida para as mais diversas atividades humanas. A concepção de um sistema de abastecimento de água fundamenta-se em um princípio básico: a **prioridade** da população ou dos serviços a que a água será destinada. Incluem-se, posteriormente e com maior detalhamento, fatores ambientais, institucionais, sociais, de infraestrutura e econômico-financeiros.

O sistema, depois de concluído, deve manter-se **economicamente viável** para pagar os custos de produção de água, manutenção e melhoria do sistema. Nos casos em que a iniciativa advém do setor privado, também é considerado o retorno financeiro de investimentos realizados. Assim, justifica-se a cobrança da água consumida por meio de tarifas de instalação, de manutenção do sistema e do volume de água utilizado para que se garanta sustentabilidade econômico-financeira.

Nesse contexto, os sistemas são projetados para atender a núcleos populacionais com usuários, que consomem a água e pagam suas tarifas, em número suficiente para manter economicamente o sistema, minimizar os impactos ambientais e sociais, aproveitar ao máximo as infraestruturas existentes e incentivar apoios político e institucional.

Em localidades nas quais os pontos de consumo são distantes entre si, como no caso de regiões rurais, ocorre um custo elevado para instalação e manutenção da infraestrutura, por abranger uma grande distância com poucos usuários que pagam pelo serviço. Nesse sentido, explica-se a preferência por áreas com maior densidade demográfica, porque estaria atendendo mais pessoas e viabilizaria sua sustentabilidade econômico-financeira.

Em geral, regiões com características rurais não são atendidas por um sistema de abastecimento de água coletivo. Com isso, moradores dessas áreas precisam providenciar um sistema individual de abastecimento. Como os investimentos em sistemas individuais costumam ser diminutos, pois são oriundos, essencialmente, do próprio usuário, muitos deles são simples, carentes de tecnologias e, até mesmo, precários. Portanto, sempre que existir a possibilidade, devem ser adotados **sistemas coletivos**. Quando isso não é viável, recomenda-se utilizar sistemas individuais com projetos adequados, de forma provisória, até a viabilização de um sistema coletivo, ou de forma definitiva, quando não houver previsão em perspectiva de curto ou médio prazo.

Importante!

Caracteriza-se como sistema individual de abastecimento de água toda infraestrutura existente para atender apenas um consumidor, com água de qualidade e em quantidade para suprir suas necessidades.

Quando se discutem os direitos do uso da água, surge uma questão: Quem é o dono da água? A água é de **domínio público**, ou seja, pertence a todos; eis a razão para os sistemas de abastecimento de água também serem, em sua maioria, públicos. São raros os sistemas que atendem exclusivamente a certa atividade econômica e, quando existentes, são predominantemente industriais e de grande porte, como as refinarias de petróleo, por exemplo. A exceção encontra-se em sistemas de irrigação e agropecuária, os quais não fazem parte do escopo desta obra.

Você conhece todas as etapas de captação, tratamento e transporte da água? É o que analisaremos a seguir, ou seja, toda a infraestrutura, as tecnologias e os recursos empregados para que chegue aos pontos de consumo água de boa qualidade e em quantidade suficiente. Isso engloba a retirada da água do meio natural, a adequação e a padronização da qualidade da água e o transporte desse recurso até o consumidor final.

Quanto maior e mais extensivo o sistema, melhor. Quando esse sistema é concebido em grande escala, ou seja, com instalações e infraestrutura que atendam a um grande número de usuários, há também maior aplicação de recursos financeiros em tecnologias de controle da água produzida. Como consequência, obtém-se um gerenciamento mais eficaz do sistema, com minimização dos custos operacionais, redução das despesas com capital humano, melhor aproveitamento dos recursos naturais, e racionalização dos insumos necessários para adequação e manutenção do sistema.

Portanto, recomenda-se que os sistemas de abastecimento tenham o **maior porte** possível, deixando sistemas de menor porte para atender comunidades mais isoladas. Nesse sentido, a interligação dos pequenos sistemas permite que, em caso de paralisação por algum problema técnico, outro sistema aumente a produção de água para suprir, de forma total ou parcial, as regiões nas quais o sistema parado atua, como ocorre em sistemas de grande porte.

Os usos de sistemas de abastecimento de água auxiliam na promoção da saúde humana e animal e contribuem para o desenvolvimento econômico e social.

Curiosidade

As pessoas que não contam com um sistema de abastecimento adequado para prover água para atividades domésticas, despendem, na busca por água em uma fonte mais próxima, 30 minutos diários, e, muitas vezes, a quantidade não supre todas as necessidades. Acrescenta-se a esse problema a questão da qualidade da água, que pode ser inadequada para consumo. Ademais, a tarefa de buscar água em fontes distantes, na maioria das vezes, fica a encargo de mulheres e crianças. Isso reduz as chances de as mulheres conseguirem auxiliar nas atividades econômicas de subsistência e de as crianças terem acesso pleno à educação. Essas informações são recorrentes e difundidas majoritariamente pelo Fundo das Nações Unidas para a Infância (Unicef, 2016).

3.2 Aspectos quantitativos da água

A demanda por novas áreas de loteamento e construções de moradias aumenta na mesma proporção do crescimento populacional, sendo necessária a instalação de obras de infraestrutura viária e de transporte público, distribuição de energia elétrica, escolas, segurança pública. Enfim, cresce a demanda por todos os serviços públicos urbanos essenciais para promover o bem-estar da população que ocupará o novo local, incluindo água, coleta e tratamento de esgotos, resíduos sólidos e drenagem. Acompanhando as novas moradias, são atraídos serviços de abastecimento alimentício e comércios, como farmácias, mercados, padarias, oficinas, além de outras modalidades de prestação de serviços e indústrias, formando-se, então, a economia local.

O planejamento de novos sistemas de abastecimento não fica restrito às áreas de expansão urbana. Comunidades já estabilizadas e que não contam com sistemas coletivos de abastecimento de água, ou que são atendidas parcialmente, também são objeto de estudos de concepção – até mesmo em sistemas já estabelecidos, cujo incremento na quantidade de água seja necessário para impedir seu desabastecimento.

Como é muito difícil calcular com exatidão a quantidade de água requerida para todas essas atividades, realiza-se uma estimativa. A quantidade de água estimada para esse fim pode ser referida como *demanda de água* ou *consumo de água*. Essa estimativa parte, a princípio, de observações empíricas sobre o consumo de água particular de determinada região cujos hábitos de consumo da população sejam semelhantes. Para tanto, pode-se dividir os consumos em categorias, como apresentado no Quadro 3.1, a seguir.

Quadro 3.1 – Consumo de água por categoria

Categoria	Usos
Doméstico ou residencial	Limpeza da residência; cocção de alimentos; limpeza de automóveis; hidratação; rega de jardim; lavagem de roupas e utensílios; uso do vaso sanitário; higiene pessoal; cuidados com animais de estimação; lazer.
Comercial e de serviços	Farmácias; hotéis; restaurantes; oficinas; mercados; açougues; padarias; pensionatos; escolas; postos de combustíveis; lanchonetes; centros de estética; barbearias; outros estabelecimentos comerciais.
Industrial	Refrigeração de máquinas e equipamentos; incorporação no produto; indústria de transformação; indústria de matéria-prima; outros processos industriais.
Público	Limpeza de ruas; chafarizes e fontes; clubes; áreas de esporte e lazer; serviços públicos; irrigação de parques e jardins; combate a incêndios.

Algumas variáveis devem ser levadas em consideração nessas estimativas, conforme as características e as especificidades locais, como as listadas no Quadro 3.2, a seguir.

Quadro 3.2 – Características locais na estimativa de consumo de água

Variável	Características
Renda da população	Populações com maior poder aquisitivo tendem a consumir mais água.
Condições climatológicas	Populações residentes em lugares secos e quentes tendem a consumir mais água do que em lugares frios e úmidos.
Tipologia da residência	Edificações maiores e com grandes áreas externas tendem a consumir mais água.
Disponibilidade de água	Populações cujos lugares têm maior disponibilidade de recursos hídricos tendem a consumir mais água.
Tipologia de parques industriais	Indústrias de beneficiamento de matéria-prima e de alimentos tendem a consumir uma quantidade maior de água em comparação com indústrias de tecnologia; indústrias automatizadas consomem menos água do que indústrias com maior número de funcionários.
Porte do município	Municípios de maior porte tendem a consumir mais água.
Macroeconomia	Em situações de amplo crescimento econômico, existe uma tendência de aumento do consumo de água em relação a períodos de recessão.
Custos e tarifa de água	Custos menores da água implicam tarifas menores, que, por usa vez, estimulam o consumo.

3.2.1 Consumo *per capita* de água

Per capita é uma expressão latina, cuja tradução literal significa "por cabeça" e, de forma mais objetiva, "por unidade" ou "por pessoa". Para contabilizar as estimativas do consumo de água por uma população em determinada região, é muito prático utilizar o conceito de consumo *per capita*, ou seja, quanto de água, em média, cada pessoa (habitante) consome em determinado tempo. A medida quantitativa de água é dada em volume; logo, o consumo *per capita* de água (q) é dado pela expressão:

$$q = \frac{V}{hab \cdot t}$$

Em que:
q = consumo *per capita* de água (L·hab^{-1}·dia^{-1})
V = volume (L)
t = tempo (d)

Segundo a Fundação Nacional da Saúde (Funasa), no Brasil é comum a utilização de valores de consumo entre 180 e 200 L·hab^{-1}·dia^{-1} para estimativas iniciais. Como sugestão, a Funasa estabelece faixas de consumo médio *per capita* de água em função do porte da população a ser atendida, como pode ser observado na Tabela 3.1, a seguir.

Tabela 3.1 -- Consumo médio *per capita* para populações dotadas de ligações domiciliares, em função do porte das localidades atendidas

Porte da comunidade	Faixa de população (habitantes)	Consumo *per capita* (L/hab·dia)
Povoado rural	< 5.000	90 a 140
Vila	5.000 a 10.000	100 a 160
Pequena localidade	10.000 a 50.000	110 a 180
Cidade média	50.000 a 250.000	120 a 220
Cidade grande	> 250.000	150 a 300

Fonte: Brasil, 2015, p. 74.

Definida a área geográfica que receberá o sistema, determina-se o número de habitantes a serem contemplados na região. Dados censitários são fundamentais para conhecer a população a ser atendida. Caso não se tenha o número de habitantes em razão de novos loteamentos, edifícios de apartamentos e conjuntos habitacionais que ainda serão ocupados, pode-se estimar a quantidade de habitantes em função do número de apartamentos ou moradias a serem construídos, considerando-se área construída e o número de ambientes, principalmente o número de quartos.

Sabendo-se a quantidade e a tipologia das edificações, para estimar o número de habitantes a ocuparem o loteamento, multiplica-se o número de edificações por sua taxa de ocupação. Até o ano 2000, no Brasil, a taxa de ocupação apresentava valores acima de 4 habitantes por moradia. Esse número foi diminuindo em virtude da redução das taxas de natalidade, ou seja, as famílias estão ficando menores. Outro fator que se deve levar em conta é o aumento da disponibilidade de moradias, o que permitiu que duas ou mais famílias que antes habitavam a mesma casa passassem a ter lares diferentes. Dados do último censo realizado pelo Instituto Brasileiro de Geografia e Estatística (IBGE) no ano de 2010 revelaram uma taxa de ocupação de 3,31 habitantes por moradia (IBGE, 2012).

> **Para saber mais**
>
> O governo federal e o Ministério do Desenvolvimento Regional mantêm, por meio da Secretaria Nacional de Saneamento Ambiental (SNSA), um banco de dados nacional, com informações de várias companhias e prestadores de serviços de saneamento, chamado *Sistema Nacional de Informações sobre Saneamento* (SNIS). Nesse sistema, há dados atualizados sobre o consumo *per capita* de água e outras informações relevantes o tema aqui em pauta. Os dados mais atuais da plataforma, até a elaboração deste livro, sobre o consumo *per capita* de água indicam que a média do consumo brasileiro é de, aproximadamente, 160 L·hab^{-1}·dia^{-1}. A página eletrônica do sistema está disponível em:
> BRASIL. Ministério do Desenvolvimento Regional. **Sistema Nacional de Informações sobre Saneamento**. Disponível em: <http://www.snis.gov.br/>. Acesso em: 17 jul. 2020.

3.2.2 Vazão de consumo de água

Um dado muito importante em sistemas de abastecimento de água é a *vazão*, definida como uma quantidade de fluido, medido em volume ou massa, que passa por uma seção definida em um tempo delimitado. Com base nesse conceito, é possível calcular a vazão de água necessária para atender a uma população em determinado período de tempo. Logo, para estudos da concepção de sistemas de abastecimento, o quantitativo da vazão deve ser calculado, uma vez que essa informação permite dimensionar todas as obras de infraestrutura do sistema. A cobrança da tarifa de água é calculada também por meio da medição da vazão desse recurso. A **vazão** (Q) pode ser determinada pela seguinte equação:

$$Q = \frac{V}{t}$$

Em que:
Q = vazão (L·d^{-1})
V = volume (L)
t = tempo (d)

Para os cálculos de **vazão média** de consumo de água, basta conhecer a população a ser atendida (em número de habitantes) e o consumo *per capita* médio da referida população, dada pela expressão a seguir:

$$Q = q \cdot N$$

Em que:
Q = vazão (L·d^{-1})
q = consumo *per capita* de água (L·hab^{-1}·d^{-1})
N = número de habitantes (hab)

Um exercício simples que você pode realizar é verificar na conta de água de sua residência e ver o volume consumido em determinado mês. Geralmente, o volume consumido mensalmente é expresso em metro cúbico (m³). Portanto, a vazão consumida é o volume consumido em m³·mês^{-1}. Você pode ir adiante e buscar outros dados. Ao dividir a vazão consumida no mês pela quantidade de moradores de sua residência, você obtém o consumo *per capita* de sua casa.

Se você mora num condomínio que não tem medição individualizada da água, você terá um pouco mais de trabalho para estimar o consumo *per capita*. Pergunte ao síndico qual é o volume de água consumida no mês e obtenha a vazão (m³·mês^{-1}). Divida esse valor pelo número de casas ou apartamentos do condomínio. Assim, você poderá estimar a vazão de consumo de sua residência. Agora, é só dividir o resultado pelo número de pessoas que moram com você e obter seu consumo *per capita*.

Exercícios resolvidos

1. Calcule a vazão de água consumida em uma residência com dois habitantes, sabendo os seguintes dados da conta de água fornecida pela companhia de saneamento:

Identificação do hidrômetro	Leitura do hidrômetro			Consumo faturado	
	Atual	Anterior	Próxima	Dias	m³
XYS 0001.7898.42	14/05/2017 301	14/04/2017 295	14/06/2017 -	30	6

O consumo faturado foi de 6 m³ em um período de 30 dias, ou seja, um mês. Portanto, a vazão consumida pode ser calculada.

$$Q = \frac{V}{t} = \frac{6 \, m^3}{mês}$$

Em que:
Q = vazão ($m^3 \cdot mês^{-1}$)
V = volume (m^3)
t = tempo (mês)

É possível converter os valores para unidades mais práticas. Sabendo que 1 m³ equivale a 1.000 L e 1 mês equivale a 30 dias:

$$Q = \frac{6 \, m^3}{mês} = \frac{6.000 \, L}{30 \, dias} = \frac{200 \, L}{dia}$$

Com esse dado, pode-se determinar o consumo *per capita* da residência:

$$q = \frac{Q}{N} = \frac{200 \, L}{2 \, hab \cdot dia} = \frac{100 \, L}{hab \cdot dia}$$

Em que:
q = consumo *per capita* ($L \cdot hab^{-1} \cdot d^{-1}$)
Q = vazão ($L \cdot d^{-1}$)
N = número de habitantes (hab)

Resposta: A vazão de água consumida em uma residência de acordo com os dados da leitura do hidrômetro é 100 $L \cdot hab^{-1} \cdot d^{-1}$.

2. Um novo loteamento habitacional popular contemplará 300 novas moradias em um município brasileiro de médio porte. Calcule a vazão de água a ser utilizada nesse loteamento.

Não se conhece o número de habitantes, porém, é possível estimá-lo conhecendo-se as taxas de ocupação das moradias, admitida atualmente como 3,31 habitantes por moradia. Como serão construídas 300 moradias no loteamento, tem-se que:

N = taxa de ocupação · n. de moradias =

$= 3{,}31 \dfrac{hab}{moradia} \cdot 300 \text{ moradias} = 993 \text{ hab}$

Em que:
N = número de habitantes (hab)

Consideremos valores de consumo *per capita* de água entre 120 e 200 $L \cdot hab^{-1} \cdot d^{-1}$, de acordo com o Tabela 3.1, para cidades de médio porte. Seria coerente adotar um valor médio da faixa, no caso 160 $L \cdot hab^{-1} \cdot d^{-1}$, para os cálculos. Conhecendo o número de habitantes (N) e o consumo *per capita* de água (q), é possível multiplicar ambos para encontrar a vazão de água a ser demandada.

$Q = q \cdot N = 160 \dfrac{L}{hab \cdot dia} \cdot 993 \text{ hab} = 158.880 \dfrac{L}{dia} = 158{,}88 \dfrac{m^3}{dia}$

ou $158.880 \dfrac{L}{86.400 \text{ s}} \cong 1{,}84 \dfrac{L}{s}$.

Obs.: 1 dia tem 86.400 segundos.

Resposta: O novo loteamento terá uma demanda de água potável de 158,88 $m^3 \cdot d^{-1}$.

3.2.3 Variações de consumo de água

O consumo de água está intimamente relacionado com as atividades diárias da população. Façamos um exercício simples: relembre todas as atividades cotidianas para as quais é necessário o consumo de água (usar o banheiro, lavar as mãos, escovar os dentes, preparar comida, limpar a casa, entre outras atividades). Note que essas atividades não são realizadas exatamente nessa ordem, nem com a mesma quantidade do recurso a que nos referimos. Portanto, além de conhecer a vazão de água a ser consumida, é importante acrescentar as possibilidades de variação do consumo *per capita*, que oscila temporalmente ao longo do dia e do ano. Como o consumo de água está intimamente ligado às atividades humanas, os períodos de altas temperaturas, a exemplo das que ocorrem no verão, tendem a refletir em aumento no consumo. O contrário ocorre em períodos mais frios, em que há uma diminuição do consumo, principalmente em regiões com alta amplitude climática. Se observarmos o consumo *per capita* de água ao longo dos dias de um ano sob a ótica das premissas anteriores, potencialmente obtemos um gráfico semelhante ao Gráfico 3.1, a seguir.

Gráfico 3.1 -- Hidrograma da variação do consumo *per capita* em relação aos dias de um ano

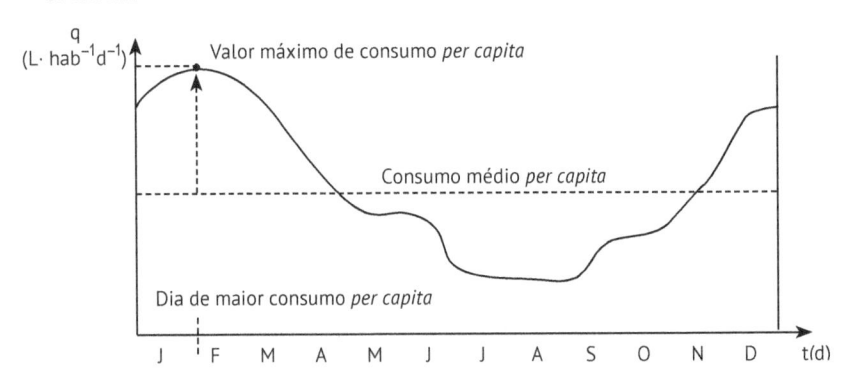

[Gráfico: eixo vertical q (L·hab^{-1}·d^{-1}); eixo horizontal t(d) com meses J F M A M J J A S O N D. Curva mostra valor máximo de consumo *per capita* em fevereiro (dia de maior consumo *per capita*) e linha tracejada indicando consumo médio *per capita*.]

Portanto, é preciso contabilizar essa variação em que o consumo é maior para que não falte água nesse período. Dessa forma, verifica-se a vazão máxima no dia de maior consumo e transforma-se em uma porcentagem em relação à vazão média do local. No Brasil, em razão da falta de estudos precisos de determinada região, adota-se um acréscimo de 20% da vazão em relação à vazão média. Essa porcentagem adicionada é chamada de *coeficiente de variação máxima diária*, ou simplesmente k1, cujo valor adotado é de 1,2.

As variações do consumo *per capita* também podem ocorrer em relação às horas de um dia. Não se espera que ocorra um consumo elevado de água durante a madrugada, por exemplo, pois entende-se que boa parte da população não está consumindo água nesse período. Ao amanhecer, a população inicia suas atividades em tempos distintos, apresentando um pico de consumo em determinado horário. Como exposto nas variações diárias, também podemos confeccionar um gráfico, identificando o maior consumo *per capita* de água em determinada hora de um dia, em que, geralmente, tem-se o ápice do consumo próximo ao meio dia. O Gráfico 3.2, a seguir, demonstra essas oscilações.

Gráfico 3.2 – Hidrograma da variação do consumo *per capita* em relação às horas de um dia

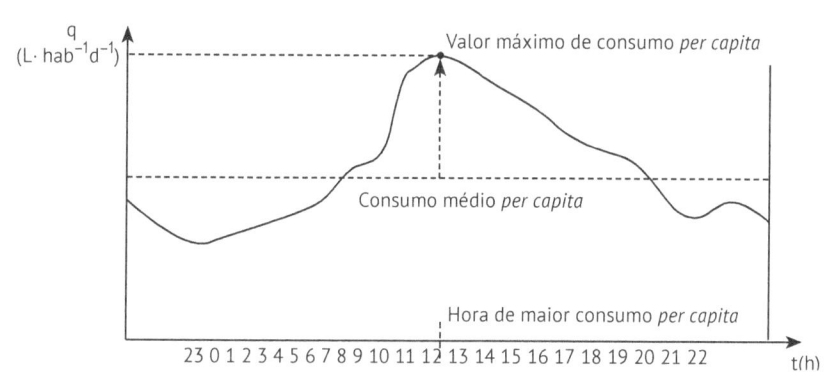

Para garantir que a quantidade de água fornecida atenda aos usuários nessa hora de maior consumo, utiliza-se o *coeficiente de variação máxima horária*, ou k2, nos cálculos de estimativa de vazão. Quando não se tem um estudo do valor desse incremento, soma-se 50% à média; logo, o valor de k2 é 1,5. Como observação, o coeficiente k1 é utilizado em todos os cálculos de vazão para a infraestrutura do sistema, e o k2 é utilizado somente para as redes de distribuição de água.

Podem ocorrer variações ao longo dos meses de um ano em razão de períodos climáticos alterados, como estiagens ou frios intensos, ou até mesmo anuais, como no caso de aumento na renda familiar, resultando em um consumo maior de água. E valores são pouco impactantes nos cálculos de estimativas de vazão para a concepção de projetos de sistemas de abastecimentos de água, mas devem ser revistos periodicamente. Assim, é preciso estimar a vazão de consumo (Q) de água utilizando a fórmula a seguir:

$$Q = q \cdot N \cdot k1 \cdot k2$$

Em que:
Q = vazão (L·d^{-1})
q = consumo *per capita* de água (L·hab^{-1}·d^{-1})
N = número de habitantes (hab)
k1 = coeficiente de variação máxima diária (adimensional)
k2 = coeficiente de variação máxima horária (adimensional)

Façamos a aplicação prática no exercício resolvido a seguir.

Exercício resolvido

1. Um distrito urbano tem, aproximadamente, 10.000 habitantes e não é dotado de um sistema de abastecimento de água. Calcule a vazão de consumo requerida, utilizando os coeficientes de variação máxima diária e horária.

    Adotemos valores de consumo *per capita* de água de 180 L·hab^{-1}·d^{-1}, muito comum quando não se tem alguma informação adicional.

    $$Q = q \cdot N \cdot k1 \cdot k2 = 180 \frac{L}{hab \cdot dia} \cdot 10.000 \text{ hab} \cdot 1,2 \cdot 1,5 =$$

    $$= 3.240.000 \frac{L}{dia} = 3.240 \frac{m^3}{dia}$$

    ou

    $$Q = \frac{3.240.000 \text{ L}}{86.400 \text{ s}} = 37,5 \frac{L}{s}$$

    Obs.: 1 dia tem 86.400 segundos.
    Resposta: O distrito apresenta uma vazão máxima requerida de água de 37 L·s^{-1}.

3.2.4 População de projeto

Lembre como era sua cidade ou seu bairro quando você ainda era criança. Reflita sobre as mudanças que ocorreram ao longo dos anos. Novas casas construídas, novos bairros que surgiram e a população que aumentou, por exemplo. O número de habitantes de uma localidade não é permanente, mas varia ao longo do tempo em razão do crescimento das cidades. Os sistemas de abastecimento são construídos em etapas ou módulos, tendo em vista os financiamentos necessários e o longo período de implantação. Assim, quando é considerada uma população no início do planejamento de uma infraestrutura, sabe-se que, ao término dessa construção, a população atendida terá número e características diferentes das encontradas no momento da concepção do projeto. Para que o sistema não fique defasado, com capacidade de distribuição menor do que o necessário, utiliza-se para os cálculos a população de final de projeto, ou simplesmente população de projeto.

A população de projeto é a estimativa do número de pessoas que será atendida ao fim de um período determinado entre 10 e 30 anos. É comum utilizar um período médio de 20 anos. Esse cálculo leva em consideração os financiamentos para a construção do sistema, que, geralmente, são pagos nesse período, e o tempo de vida útil de parte das instalações do sistema, sem que sejam precisos novos investimentos para reformas, adequações e ampliações. As populações residentes em determinada área de estudo podem ser classificadas de acordo com o Quadro 3.3, a seguir.

Quadro 3.3 – Classificação da tipologia da população em determinada área de estudo

População fixa ou residente	São os moradores que residem e trabalham no município de estudo.
População temporária	São moradores que têm residência em municípios vizinhos à área de estudo, porém exercem atividades na área estudada, ou que venham a residir temporariamente como mão de obra para empreitadas de grande porte, como barragens, portos ou rodovias.
População flutuante	População que reside na área de estudo em certa época do ano em virtude de turismo ou eventos de grande porte.

A população de projeto, então, deve prever o aumento populacional da população residente e os possíveis acréscimos das populações flutuantes e temporárias. Para o aumento populacional, são utilizados modelos matemáticos de previsão de crescimento baseado no ritmo ou na taxa de crescimento da população da área de estudo. Os métodos mais comuns são as projeções aritméticas e geométricas e a logística.

A **projeção aritmética** supõe que a avultação da população ocorre mediante uma função constante de crescimento e não pressupõe um limite máximo da população, também chamado de *população de saturação*. Na **projeção geométrica**, assume-se que a população cresce de maneira exponencial, ou seja, a taxa de crescimento é constante, mas é aplicada instante a instante, periodicamente. O crescimento não tem limite superior também nessa projeção. Na **projeção logística**, assume-se que, em dado momento, a população deixa de crescer no mesmo ritmo, tendendo a uma população máxima de saturação. Para se utilizar a projeção logística, algumas condições de contorno devem ser atendidas, conforme expresso no Quadro 3.4, a seguir.

Ao se calcular determinada população pelos três métodos sugeridos conjuntamente, obtêm-se resultados diferentes. Dependendo da seleção do método, é possível superestimar a população final influindo nos cálculos de vazão. Assim, é recomendável plotar, em uma planilha, os gráficos das populações ao longo do tempo. A forma da curva apresentada pode indicar a projeção que melhor descreve o crescimento populacional do local. Na falta desse recurso, a utilização da curva logística tende a ser a mais adequada na maioria dos casos.

Quadro 3.4 – Métodos de estimativa de crescimento populacional

Projeção	Fórmula	Coeficientes
Aritmética	$P_{fa} = P_0 + K_a \cdot (t - t_0)$	$K_a = \dfrac{P_2 - P_0}{t_2 - t_0}$
Geométrica	$P_{fg} = P_0 \cdot e^{k_g \cdot (t - t_0)}$ ou $P_{fi} = P_0 \cdot (1 + i)^{(t - t_0)}$	$K_g = \dfrac{\ln P_2 - \ln P_0}{t_2 - t_0}$ ou $i = e^{k_g} - 1$
Logística	$P_{fi} = P_0 \cdot (1 + i)^{(t - t_0)}$	$P_s = \dfrac{2 \cdot P_0 \cdot P_1 \cdot P_2 - P_1^2 \cdot (P_0 + P_2)}{P_0 \cdot P_2 - P_1^2}$ $c = \dfrac{P_s - P_0}{P_0}$ $k_1 = \dfrac{1}{t_2 - t_1} \cdot \ln\left[\dfrac{P_0 \cdot (P_s - P_1)}{P_1 \cdot (P_s - P_0)}\right]$

(continua)

(Quadro 3.4 – continuação)

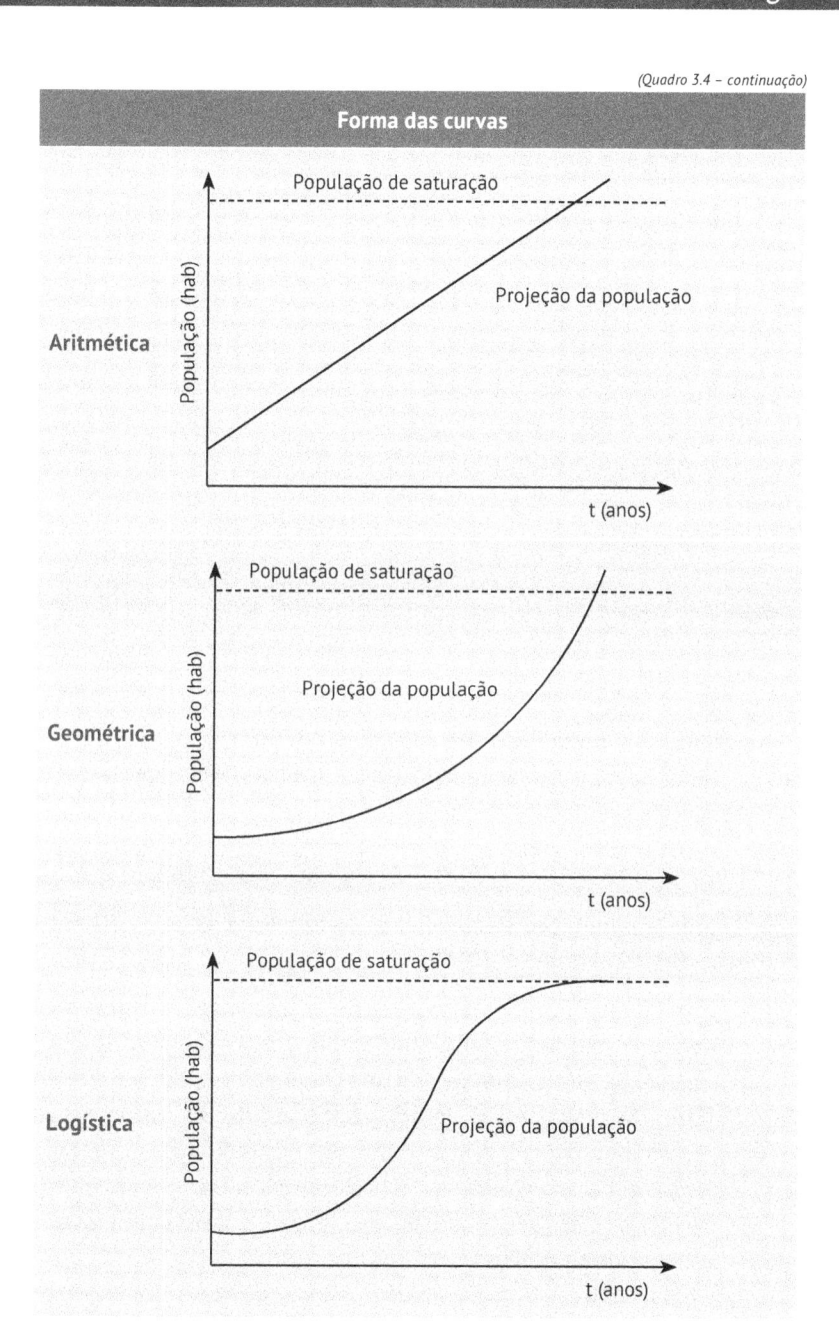

Forma das curvas

Aritmética

População de saturação
Projeção da população
População (hab)
t (anos)

Geométrica

População de saturação
Projeção da população
População (hab)
t (anos)

Logística

População de saturação
Projeção da população
População (hab)
t (anos)

(continua)

(Quadro 3.4 – conclusão)

Para a curva logística, as condições de contorno são:
(a) $t_1 - t_0 = t_2 - t_1$
(b) $P_0 < P_1 < P_2$
(c) $P_0 \cdot P_2 < P_1^2$
Em que:
P_f = população final de projeto (P_{fa} aritmético, P_{fg} geométrico, P_{fi} taxa de crescimento e P_{fl} logístico)
P_0 = população inicial
P_1 e P_2 = populações conhecidas temporalmente
P_s = população de saturação
K_a, K_g, K_l e c = constantes
t_0 = tempo inicial
t = tempo final de projeto
t_1 e t_2 = tempos cuja população é conhecida
e = número neperiano (2,718 ...)
i = taxa de crescimento

Fonte: Elaborado com base em Sperling, 2005.

No Quadro 3.4, portanto, estão compiladas as fórmulas e os coeficientes utilizados nos cálculos de projeção populacional, assim como a forma característica da respectiva curva de crescimento.

Exercício resolvido

1. Estime a população da cidade de Londrina/PR daqui a 20 anos (ano-base do exercício: 2018).

    Primeiramente, é preciso buscar as informações referentes ao município de Londrina, no Paraná. Um dos melhores e mais fidedignos locais para obter esse tipo de informação é o *site* do IBGE. Deve-se acessar, então, o Sistema IBGE de Recuperação Automática (Sidra): <https://sidra.ibge.gov.br/home/pms/brasil>. Nesse endereço eletrônico, é possível encontrar grande banco de dados atualizados sobre economia, geociências, indicadores e serviços de saneamento.
    Após fazer o caminho em *Pesquisa*, *População* e *Censo demográfico*, seleciona-se a aba *Séries temporais* e, depois, a Tabela 200 – população residente, por sexo, situação e grupos de idade – Amostra – Características gerais da população.

Na sequência, selecionam-se os anos que estão disponíveis, no caso, 1970, 1980, 1991, 2000 e 2010. Na unidade territorial estão os municípios brasileiros. Selecionemos, então, a cidade de Londrina/PR. De posse dos dados, vale restringir a pesquisa para os últimos anos, pois refletem melhor a realidade atual, e elaborar a seguinte tabela:

Tabela A – População de Londrina/PR nos anos de 1991, 2000 e 2010 segundo o IBGE

Ano		População	
t_0	1991	P_0	390.100
t_1	2000	P_1	447.065
t_2	2010	P_2	506.701

Projeção aritmética
Calcula-se, primeiramente, o coeficiente:

$$K_a = \frac{P_2 - P_0}{t_2 - t_0} = \frac{506.701 - 390.100}{2010 - 1991} = \frac{116.601}{19} \cong 6.137$$

Depois, estima-se a população final, sendo o tempo final de projeto (t) igual ao ano de 2018 + 20 anos = 2038

$P_f = P_0 + K_a \cdot (t - t_0) = 390.100 + 6.137 \cdot (2038 - 1991) = 390.100 + 6.137 \cdot (47)$
$P_f = 390.100 + 288.439 = 678.539$ habitantes

Projeção geométrica
Calcula-se, primeiramente, o coeficiente K_g:

$$K_g = \frac{\ln P_2 - \ln P_0}{t_2 - t_0} = \frac{\ln 506.701 - \ln 390.100}{2010 - 1991} = \frac{13,14 - 13,87}{19} =$$
$$= \frac{0,27}{19} = 0,014$$

Depois, estima-se a população final, sendo t = 2038

$P_f = P_0 \cdot e^{Kg \cdot (t - t_0)} = 390.100 \cdot e^{0,014 \cdot (2038 - 1991)} = 390.100 \cdot e^{0,014 \cdot (47)}$
$P_f = 390.100 \cdot e^{0,658}$
$P_f = 390.100 \cdot 1,931 = 753.283$ habitantes

Curva logística
Calculam-se, primeiramente, as condições de contorno (a) $t_1 - t_0 = t_2 - t_1$, (b) $P_0 < P_1 < P_2$ e (c) $P_0 \cdot P_2 < P_1^2$.

a) 2000 − 1991 = 2010 − 2000 = 9 = 10 (não é válido)
b) 390.100 < 447.065 < 506.701 (válido)
c) $390.100 \cdot 506.701 < 447.065^2$ $1,977 \cdot 10^{11} < 1,999 \cdot 10^{11}$ (válido)

Na teoria, não seria possível utilizar esse método em razão de (a), pois não são equidistantes temporalmente. No Brasil, o censo deve ser realizado de 10 em 10 anos, porém não foi realizado em 1990, porque os recursos financeiros necessários para a realização desse censo não foram incluídos, sendo postergado em um ano. Para fins didáticos e assumindo esse erro, seguimos com a resolução do exercício adotando o ano de 1990 como o ano t_0.

Calcula-se, então, a população de saturação:

$$P_s = \frac{2 \cdot P_0 \cdot P_1 \cdot P_2 - P_1^2 \cdot (P_0 + P_2)}{P_0 \cdot P_2 - P_1^2}$$

$$P_s = \frac{2 \cdot 390.100 \cdot 447.065 \cdot 506.701 - 447.065^2 \cdot (390.100 + 506.701)}{390.100 \cdot 506.701 - 447.065^2}$$

$$P_s \cong \frac{1,767 \cdot 10^{17} - 1,999 \cdot 10^{11} \cdot (896.801)}{1,977 \cdot 10^{11} - 1,999 \cdot 10^{11}} \cong \frac{1,767 \cdot 10^{17} - 1,793 \cdot 10^{17}}{(1,977 - 1,999) \cdot 10^{11}}$$

$$P_s \cong \frac{(1,767 - 1,793) \cdot 10^{17}}{(1,977 - 1,999) \cdot 10^{11}} = \frac{-0,026 \cdot 10^{17}}{-0,022 \cdot 10^{11}} = \frac{0,026 \cdot 10^6}{0,022} \cong 1.181.818$$

Em seguida, determina-se o coeficiente c:

$$c = \frac{P_s - P_0}{P_0} = \frac{1.181.818 - 390.100}{390.100} = \frac{791.718}{390.100} \cong 2,03$$

Sistemas de abastecimento de água

Calcula-se o coeficiente K_l:

$$K_l = \frac{1}{t_2 - t_1} \cdot \ln\left[\frac{P_0 \cdot (P_S - P_1)}{P_1 \cdot (P_S - P_0)}\right] =$$

$$= \frac{1}{2010 - 2000} \cdot \ln\left[\frac{390.100 \cdot (1.181.818 - 447.065)}{447.065 \cdot (1.181.818 - 390.100)}\right]$$

$$K_l = \frac{1}{10} \cdot \ln\left[\frac{390.100 \cdot (734.753)}{447.065 \cdot (791.718)}\right] \cong$$

$$\cong 0,1 \cdot \ln\left[\frac{2,866 \cdot 10^{11}}{3,539 \cdot 10^{11}}\right] \cong 0,1 \cdot \ln 0,81 \cong -0,02$$

Calcula-se a população final de projeto P_f:

$$P_f = \frac{P_s}{1 + c \cdot e^{k_l \cdot (t - t_0)}} = \frac{1.181.818}{1 + 2,03 \cdot e^{-0,02 \cdot (2038 - 1990)}} = \frac{1.181.818}{1 + 2,03 \cdot e^{-0,02 \cdot (48)}}$$

$$P_f = \frac{1.181.818}{1 + 2,03 \cdot e^{-0,96}} \cong \frac{1.181.818}{1 + 2,03 \cdot 0,383} \cong \frac{1.181.818}{1 + 0,777} =$$

$$= \frac{1.181.818}{1,777} = 665.063 \text{ habitantes}$$

É muito comum expressar o crescimento das cidades mediante taxas em porcentagem. A cidade de Londrina tem uma taxa de crescimento anual (i) de aproximadamente 1,4%. Quando se conhecem as taxas de crescimento, é muito simples calcular a população futura de projeto empregando-se a seguinte fórmula, em que i = 1,4% = 0,014:

$P_{fi} = P_0 \cdot (1 + i)^{(t - t_0)} = 390.100 \cdot (1 + 0,014)^{(2038 - 1991)} =$

$= 390.100 \cdot (1,014)^{(47)}$

$P_{fi} = 390.100 \cdot 1,922 = 749.772$ habitantes

Assim, os resultados compilados podem ser dispostos na Tabela B, a seguir.

Tabela B – Resultados das populações obtidas pelos métodos aritmético, geométrico e logístico para o município de Londrina/PR

Método		População (hab)
Aritmético	P_{fa}	678.539
Geométrico	P_{fg}	753.283
	P_{fl}	749.772
Logístico	P_{fl}	665.063

Para justificar a escolha do método provavelmente mais adequado, é interessante plotar em uma planilha um gráfico com as populações encontradas na tabela do IBGE, somente com os dados encontrados originalmente.

Gráfico A – População do município de Londrina/PR entre os anos de 1970 e 2010 segundo o IBGE

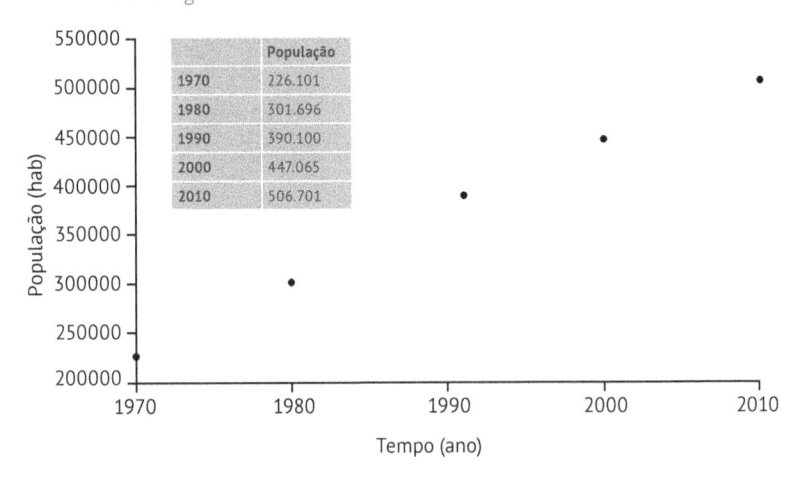

	População
1970	226.101
1980	301.696
1990	390.100
2000	447.065
2010	506.701

Comparando a forma da curva apresentada com os dados de crescimento dos anos anteriores, o gráfico gerado apresenta características de um crescimento aritmético, portanto, justificaria a utilização da população de projeto de 678.539 habitantes.

Como exercício complementar, calcule a população de projeto de sua cidade de nascimento ou daquela onde reside atualmente.

Sistemas de abastecimento de água

3.2.5 Consumidores especiais ou de grande porte

No cálculo de vazão apresentado neste capítulo, em geral, fica implícita a utilização da água por parte da população, mesmo em atividades de comércio e de indústria, mas pode haver a necessidade de acrescentar uma vazão adicional para consumidores especiais ou de grande porte. Em regra, esses consumidores são indústrias que demandam grande quantidade de água para seus processos fabris.

Para esses casos, deve ser estimado o consumo de água individual, acrescentando-o ao cálculo de vazão de água. Aqui, também é interessante averiguar as possibilidades de expansão dessas indústrias nos 20 anos seguintes, com vistas a incluir essa futura demanda no cálculo final de vazão de projeto.

3.3 Infraestrutura de sistemas de abastecimento de água

Os sistemas de abastecimento de água demandam uma infraestrutura para que a água saia da origem e seja distribuída individualmente aos usuários. Também já destacamos que os sistemas podem ser coletivos ou individualizados.

A infraestrutura para esses sistemas é composta, essencialmente, de obras civis, equipamentos, materiais e produtos químicos, segregados em etapas de abastecimento. Essas etapas englobam o manancial de abastecimento; a captação, a adução e o tratamento de água; a reservação; e a distribuição.

> **Curiosidade**
>
> Em locais não contemplados com um sistema de abastecimento de água, o fornecimento é feito com o emprego de soluções alternativas – uso de água de chuva, utilização de poços comunitários, transporte de água por caminhões-pipa, entre outras medidas. Para saber mais, pesquise sobre o assunto e verifique as formas de se obter um sistema alternativo, com critérios técnicos de boa execução e segurança a seus usuários.

3.3.1 Mananciais para abastecimento

Já analisamos, nos capítulos anteriores, como se processam o ciclo da água, a distribuição hídrica e os problemas de escassez. Para atender determinada população, é preciso saber de qual lugar a água, em seu estado natural, será captada. Para isso, é necessário determinar os mananciais que servirão para a obtenção desse recurso. Os mananciais são a origem das águas naturais do abastecimento de água para todos os usos e podem ser divididos em três fontes distintas: mananciais superficiais; mananciais subterrâneos e águas meteóricas.

Os **mananciais superficiais** compreendem rios, lagos, córregos, reservatórios artificiais e demais fontes de águas doces que escorrem ou ficam armazenadas na superfície do planeta. É o tipo de manancial mais comum e amplamente utilizado para sistemas de abastecimento.

O manancial superficial não se restringe ao curso de água propriamente dito; ele se estende a toda a área de uma bacia hidrográfica cujo escoamento superficial contribui para constituir tal curso de água. Todas as ações praticadas desde os limites de uma bacia hidrográfica (divisor de bacias) em direção a seu interior têm reflexos na quantidade e na qualidade das águas disponíveis para os sistemas de abastecimento. Portanto, toda a bacia contribuinte deve ser conservada; para isso, as atividades antrópicas devem ser controladas e cerceadas. Indústrias altamente poluidoras devem ser restringidas em toda a área do manancial, assim como o lançamento de efluentes de estações de tratamento de esgotos, os aterros sanitários, a alta densidade populacional no uso e ocupação do solo, as atividades agropecuárias; enfim, toda e qualquer atividade poluidora deve ser planejada e controlada.

Os **mananciais subterrâneos**, por sua vez, são as águas que se localizam abaixo do solo. Abrangem as águas do lençol freático, encontrado em camadas superficiais do solo e fora de confinamento, e do lençol artesiano, mais profundo e confinado. As nascentes também são incluídas nesse tipo de manancial. Á água é retirada em poços com auxílio de bombas hidráulicas, em sua maioria.

As águas provenientes dos lençóis freáticos são mais suscetíveis à poluição antrópica por estarem em baixa profundidade. Sofrem constantemente com as variações de precipitações na superfície, pois estão intimamente ligadas a elas. De forma geral, o uso da água proveniente de lençóis freáticos, principalmente em sistemas de grande e médio porte, é desaconselhável em razão da quantidade a ser aproveitada e da vulnerabilidade do tipo de manancial conforme a poluição antrópica.

Sistemas de abastecimento de água

O uso de água de lençóis artesianos conta com certa previsibilidade de vazão disponível para utilização, assim como uma qualidade de água superior, no que diz respeito aos contaminantes antrópicos. Contudo, seu uso desmedido pode acarretar transtornos significativos ou problemas geológicos em aquíferos mais sensíveis, como os calcários ou também chamados de *Karst*. Em regiões litorâneas, a retirada excessiva de água pode acarretar intrusão marinha, fenômeno em que a extração faz baixar o nível do lençol; com isso, a água do mar adentra no lençol, conferindo a ele características salobras.

Os poços artesianos podem ser jorrantes ou não jorrantes. Os primeiros não necessitam de bombas hidráulicas para a remoção do recurso, pois a pressão interna do subsolo faz a água ser expelida até a superfície. Os poços não jorrantes, por sua vez, necessitam de bombeamento para que a água chegue a superfície. É comum o termo *semiartesiano*, que é utilizado de maneira errônea para se referir a poços não jorrantes. O poço só pode ser artesiano ou freático. O termo, mesmo usado de forma equivocada, indica que os poços artesianos não apresentam características jorrantes. Na Figura 3.1, a seguir, apresentamos os tipos de poços e os lençóis de água.

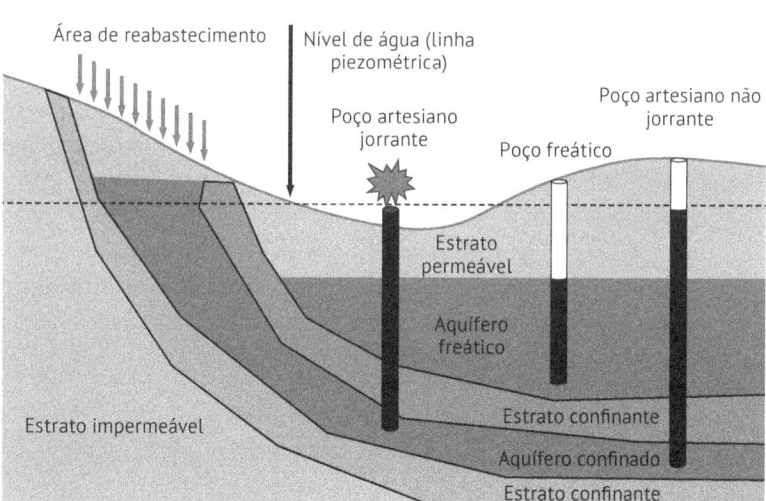

Figura 3.1 – Poços e mananciais subterrâneos

Por fim, as **águas meteóricas** são as provenientes das precipitações atmosféricas (chuva, neve e granizo). São coletadas mediante superfícies destinadas a esse fim, como coberturas ou telhados, e armazenadas em cisternas. Seu uso popularizou-se em razão dos esforços para a economia das águas naturais superficiais e subterrâneas, na utilização para o controle de enchentes urbanas e em áreas com baixa disponibilidade hídrica.

Uma vez ciente da quantidade de água necessária para suprir as necessidades de determinada população, deve-se identificar os mananciais que tenham capacidade de atendê-la. Para tanto, algumas premissas devem ser verificadas:

» **Certificar-se da aceitação da população quanto ao manancial selecionado** – O futuro consumidor da água deve sentir-se confortável com relação ao local de onde a água bruta será retirada. Mananciais com histórico de problemas costumam não ser bem-aceitos.

» **Estar de acordo com a Resolução Conama n. 357, de 17 de março de 2005** (Brasil, 2005b) – O manancial selecionado deve atender às diretrizes ali estabelecidas, segundo o enquadramento dos corpos de água, exigindo-se dado tipo de tratamento, quando for o caso. Para tanto, um monitoramento da qualidade da água deve ser feito a fim de se verificar essa possibilidade.

» **Checar se o manancial tem vazão suficiente para atender à demanda final do projeto, incluindo a outorgada para outros usos já estabelecidos** – Outras atividades podem estar usufruindo da água do manancial para fins além do abastecimento. Dependendo da necessidade, a quantidade de água utilizada para essas atividades deve ser revista em prol do sistema, pois a dessedentação animal e o abastecimento público são prioritários. Outro fator que deve ser levado em consideração é a vazão de estiagem, ou *vazão ecológica*, uma vez que não se pode simplesmente retirar toda a água do manancial. Em caso de rios, é verificada a vazão mínima histórica em períodos de estiagem e, em posse dessa informação, é possível saber qual é a vazão mínima para a permanência da vida aquática local.

Importante!

Vazão ecológica é a vazão mínima necessária para a manutenção do ecossistema aquático e a ele relacionado.

» **Averiguar a distância e as condições topográficas do manancial** – Quanto mais afastado dos consumidores estiver localizado o manancial, maior será o custo de implantação e de operação do sistema. A topografia também deve ser analisada porque, quanto mais acidentado for o terreno, mais onerosa será a implantação do sistema de abastecimento.
» **Identificar possíveis fontes poluidoras** – Todo manancial pode estar sujeito à poluição antrópica. Identificar esses locais permite gerenciar possíveis riscos de contaminação. As indústrias, as atividades agropastoris, as atividades de mineração e a ocupação humana em residências devem ser contabilizadas. Até mesmo rodovias e ferrovias precisam ser analisadas. Isso porque, por meio delas são transportados produtos possivelmente perigosos e poluidores.
» **Conhecer a tipologia do solo** – Como as tubulações de distribuição de água comumente são enterradas, solos mais difíceis de ser escavados oneram mais a implantação do sistema.

3.3.2 Captação da água

Uma vez selecionado o manancial, deve-se estudar a forma de captar a água para o sistema. Independentemente do tipo de captação, alguns fatores que têm de ser considerados são: a distância da captação até as unidades de tratamento e distribuição, como já mencionadas; a necessidade de desapropriações de áreas particulares; a presença de áreas de proteção ou conservação ambiental; as fontes de energia disponíveis para o bombeamento das águas, quando houver a necessidade; e a acessibilidade do local. Sugerimos, a seguir, alguns tipos de captação de água conforme o tipo de manancial.

Em **mananciais superficiais**, a captação da água deve contar com algumas obras civis para impedir a entrada de objetos flutuantes indesejáveis e sólidos grosseiros, no caso o uso de grades, e o uso de caixas de areia para partículas menores nos pontos de derivação do rio, antes da captação. Também deve conter dispositivos para controlar a entrada da água na área de captação, como casas de bombas e poços de sucção, quando for o caso. Quando dotadas de tubulações e bombas, a entrada da água é protegida por um crivo (peneira).

Outras obras potencialmente necessárias são as construções de barragens, reservatórios e vertedouros.

As barragens de nível consideram a variação do nível de água de rios e córregos em decorrência da sazonalidade das precipitações. Para que a área de captação não fique abaixo de um nível mínimo, a altura da água é elevada artificialmente com a construção de pequenas barragens. Nesse método, não se propõe ter reservação, pois ele serve, simplesmente, para elevar o nível do curso de água acima de determinada altura, a fim de propiciar uma captação adequada da água (Figura 3.2).

Figura 3.2 – Captação de nível do Rio Iguaçu, Companhia de Saneamento do Paraná (Sanepar), Curitiba/PR

Os reservatórios, por sua vez, são construídos para estocar água, com o propósito de garantir uma vazão constante e controlada ao longo das oscilações climáticas temporais. São obras de maior porte, caracterizadas por inundar certa área, acumulando água em períodos de estiagem e liberando-as em períodos chuvosos, regularizando a vazão de acordo com a disponibilidade natural. Uma vantagem desse recurso é poder selecionar a altura da captação da água no perfil do reservatório, evitando a coleta na superfície, a presença de algas, quando no fundo, e a presença de sólidos.

Ambos os tipos (barragem de nível e reservatório) contam com vertedouros, que são estruturas dotadas de mecanismos controladores da abertura da passagem da água (comportas), ora retendo-a, ora liberando-a. As captações podem ser feitas por meio de dispositivos de tomadas, sendo as mais comuns as descritas no Quadro 3.5, a seguir.

Quadro 3.5 – Tipos de captação de água bruta

Tipo de captação	Descrição
Torre de tomada	Utilizada em reservatórios ou lagos, contém várias comportas em diferentes alturas do perfil de água.
Tomada direta	A água é retirada diretamente do rio por meio de bombas hidráulicas e tubulações. As tubulações avançam por baixo do nível de água e são fixas em sua altura. As tomadas diretas podem ou não contar com proteção da tubulação com estruturas de concreto ou grades metálicas.
Tomada por canal de derivação	Quando parte do curso do rio é desviado, há um canal artificial paralelo a seu fluxo, que permite que as tubulações de captação fiquem protegidas. O excedente das águas não captadas retorna ao curso normal.
Tomada de água flutuante	A tomada de água é realizada com o auxílio de embarcações ou flutuadores, podendo a bomba hidráulica e as tubulações ficar sobre o leito do rio. Como a altura varia em função do nível de água, os flutuadores respondem a essa mudança, fazendo a tomada sempre acompanhar o nível.

Fonte: Elaborado com base em Azevedo Netto et al. 1987.

Em **mananciais subterrâneos**, as águas podem ser aproveitadas de nascentes ou retiradas diretamente do subsolo. No caso das primeiras, a captação pode ser feita por meio de uma caixa de tomada, que consiste em uma obra civil que aproveita os desníveis do terreno, nos quais são realizados cortes, deixando a nascente livre para escoamento. Esta é protegida por uma cobertura de cimento ou por uma caixa impermeabilizada para que o solo não eroda e a prejudique. Nesse último caso, é instalada uma bomba ou as águas captadas são encaminhadas até o local de tratamento por gravidade. Outra forma de captação de nascentes é via galerias de infiltração, que são um conjunto de tubulações instaladas subsuperficialmente em um terreno baixo de fundo de vale. Esses drenos encaminham a água drenada a um poço de captação.

A captação também pode ser feita por poços, que podem ser escavados ou perfurados. Os poços escavados têm até 90 cm de diâmetro de abertura e 10 a 20 m de profundidade; neles, o tipo de lençol encontrado é o freático. Além disso, suas tubulações apresentam crivos especiais na área de contato com a água a ser captada, para reter partículas indesejadas e sedimentos. Os poços perfurados podem ser divididos em rasos ou profundos. O nível dos poços rasos varia conforme a precipitação e a recarga do aquífero freático, podendo ficar inoperantes em períodos de estiagem prolongada. Já nos poços profundos, a água retirada provém de aquíferos artesianos, por vezes dispensando o uso de bombas para a extração (poços jorrantes). A variação do nível de água é pequena em relação aos poços rasos, tendo uma garantia muito maior na quantidade a ser retirada, que depende de estudos hidrogeológicos.

As **águas meteóricas** (aquelas que precipitam nas coberturas e nos telhados de edificações) podem ser coletadas em calhas e encaminhadas a um reservatório (cisterna). As cisternas têm de estar protegidas do contato externo e ter volume suficiente para reservar certa quantidade de água por tempo suficiente para enfrentar períodos de estiagem. Portanto, o volume das cisternas usadas em locais de enfrentamento de secas ao daquelas instaladas em lugares onde a precipitação atmosférica é mais regular. Quando há chuva, as primeiras águas são descartadas, pois estas contêm sólidos provenientes da lavagem da atmosfera e das superfícies de coleta. Após esse descarte, as águas passam por um sistema de desinfecção simplificado. As águas de chuva em regiões em que não há períodos de secas são utilizadas de maneira complementar aos sistemas de abastecimento já existentes, no intento de diminuir o consumo de água, sobretudo para fins secundários, que excluem a higiene pessoal e a alimentação. Em grandes cidades, também servem como um meio de minimizar os efeitos de chuvas intensas, reservando parte das águas pluviais e diminuindo sua vazão nos sistemas de drenagem urbana, o que evita as cheias.

3.3.3 Transporte da água

Uma vez captada, após percorrer determinado caminho, a água precisa chegar a uma estação de tratamento de água (ETA) e, a partir dela, ser disponibilizada aos usuários. Esse transporte, também chamado de *adução*, depende de um conjunto de obras civis, tubulações e peças especiais que permitem levar a água do ponto de captação até o ponto de consumo, tendo como pontos intermediários os demais componentes do sistema de tratamento. As adutoras são classificadas em: *adutora de água bruta*, na qual a água transportada não tem tratamento (*in natura*) e segue da captação até as ETAs; *adutora de água tratada*, na qual a água transportada passou por algum tipo de tratamento. As águas são transportadas das ETAs aos reservatórios e deles às redes de distribuição.

Quando o terreno é favorável, ou seja, quando se encontra em declive, as adutoras utilizam a força da gravidade para transportar o recurso. Quando o terreno é desfavorável, em aclive, são obrigadas a trabalhar com um sistema de recalque, que consiste no emprego de bombas hidráulicas que conduzem a água a altitudes mais elevadas.

As adutoras podem ser abertas na forma de canais superficiais da mesma maneira que ocorre em rios, quando escoam por gravidade. Esse método hidráulico muito utilizado para adução de águas brutas é denominado *escoamento em conduto livre*, no qual somente a pressão atmosférica atua sobre a água. Quando as águas são transportadas através de tubulações fechadas em seção plena, ou seja, tubulações completamente cheias, nas quais a pressão exercida é maior do que a atmosférica, ocorre o *escoamento em conduto forçado*.

As tubulações podem ser fabricadas com diferentes materiais, cada qual atribuindo características de resistência, durabilidade e atrito em sua superfície interna. O atrito influi na perda de energia mecânica atribuída à água pelas bombas hidráulicas ou pela gravidade (condutos forçados ou abertos, respectivamente), ao longo de seu transporte. Essa perda de energia em relação à massa é denominada *perda de carga*. Em efeitos práticos, a água vai perdendo pressão durante o transporte; essa redução da pressão deve ser, então, compensada pelo aumento da inclinação das tubulações em escoamento por gravidade, pelo aumento da altura e da pressão de recalque das bombas hidráulicas e pelo recalque novo ao longo do transporte de água (instalação de estações elevatórias) ou pela combinação de todas essas estratégias.

3.3.4 Tratamento da água

Faça uma pausa na leitura, busque um copo de água da torneira de sua casa e observe-a. Como destacamos no capítulo anterior, a água necessita estar em conformidade com parâmetros físicos, químicos, biológicos e organolépticos adequados para que você, ou qualquer outro consumidor, possa ingeri-la. As águas captadas para grandes sistemas de distribuição não apresentam essas características naturalmente, necessitando passar por tratamento. Os tipos das tecnologias empregadas para o tratamento dependem da qualidade da água bruta captada em seu manancial. As águas com boa qualidade demandam poucas etapas de tratamento e tecnologias mais simples, ou *tratamento simplificado*. Para águas de pior qualidade, faz-se uso de tecnologias mais elaboradas, caracterizando o chamado *tratamento convencional*. Em alguns casos, exige-se um tratamento mais complexo, denominado *tratamento avançado*. Na realidade, quanto pior é a qualidade de água captada, mais etapas de tratamento devem ser adicionadas nas ETAs para garantir os padrões de potabilidade exigidos. A norma que orienta a concepção de ETAs foi formulada pela Associação Brasileira de Normas Técnicas (ABNT) na Norma Brasileira Regulamentadora (NBR) 12216/1992 (ABNT, 1992).

Independentemente de sua complexidade, todos os tipos de tratamento apresentam ao final do processo duas etapas: cloração e fluoretação. Ambas são descritas de forma simplificada a seguir.

CLORAÇÃO

Caso a qualidade das águas naturais apresente condições de potabilidade, é necessário manter somente certa quantidade de cloro residual livre nas tubulações (0,2 mg $\cdot$ L^{-1} mínimo e 2,0 mg $\cdot$ L^{-1} máximo, segundo a Portaria da Consolidação n. 5, de 28 de setembro de 2017, do Ministério da Saúde (Brasil, 2017b, Anexo XX), a fim de proteger a água em todo o percurso pelas adutoras, nos reservatórios e nas caixas de água das residências. Caso a água retirada de um manancial não se adeque à normativa, tratamentos mais avançados são necessários.

As águas subterrâneas são as que geralmente necessitam de um menor grau de tratamento, ao passo que as águas de superfície, principalmente em rios, demandam grau maior de tratamento. Os mananciais cujas bacias hidrográficas estão sujeitas à contaminação antrópica e a processos de eutrofização exigem maior cuidado e tratamentos ainda mais avançados.

Também é importante observar que as águas de rios sofrem com a alteração da qualidade após eventos chuvosos, pois elas recebem partículas e contaminantes da superfície da bacia (lixiviação). Assim, as águas captadas em rios variam em sua qualidade físico-química e biológica ao longo do tempo, e as ETAs devem contar com nível de tratamento compatível com as águas captadas em suas piores condições. Rios maiores tendem a ter menor variabilidade em suas características físico-químicas e biológicas do que rios de menor porte.

FLUORETAÇÃO

Para sistemas de grande porte e de atendimento contínuo, a fluoretação também é importante quando as águas não apresentam naturalmente teor de flúor adequado para garantir a proteção dos consumidores contra a cárie dentária, sobretudo em crianças. Para isso, são utilizados aparelhos dosadores de soluções de fluoreto de sódio, ou fluossilicato de sódio, ou ácido fluossilícico até uma concentração ideal de 1,0 mg $\cdot$ L^{-1} de fluoretos. O limite máximo é de 1,5 mg $\cdot$ L^{-1} de fluoretos.

Caso haja presença de microrganismos na água, é necessário realizar, antes da cloração e da fluoretação, o processo de eliminação dos microrganismos por meio da desinfecção.

DESINFECÇÃO

As águas para abastecimento devem estar isentas de microrganismos patogênicos e, para isso, faz-se necessária a utilização de agentes desinfetantes para eliminá-los. Note que a desinfecção é um processo diferente da cloração: esta visa manter certa quantidade de agente desinfetante (cloro livre) na tubulação de adução e distribuição para proteger a água no percurso entre o tratamento e os pontos de consumo; já no processo de desinfecção assume-se que há microrganismos na água bruta e que deve ser assegurado que estes sejam eliminados antes de sua distribuição. O cloro pode ser utilizado também no processo de desinfecção, mas não é a única tecnologia.

O iodo e os sais de prata são agentes desinfetantes que podem ser utilizados, mas em razão do alto custo e da diminuição da eficácia na presença de outros compostos químicos, atualmente são poucos empregados. Os principais métodos de desinfecção em águas de abastecimento são:

- » **Radiação Ultravioleta (UV)** – Para o emprego de UV, empregam-se lâmpadas de vapor de mercúrio que emitem uma luz não visível de 220 nm de comprimento de onda. Esse comprimento de onda altera o código genético de microrganismos, impossibilitando sua reprodução, inativa bactérias, vírus, esporos, cistos e algas de diversos tipos em dosagens de 20 a 60 $mW \cdot s \cdot cm^{-2}$. Não se faz necessária a aplicação de outro produto químico. A técnica não altera o pH e requer um tempo de contato com a água menor se comparado ao ozônio e ao cloro. Porém, esse método é eficiente somente quando existe baixa turbidez na água e uma quantidade de sólidos suspensos menor que 30 $mg \cdot L^{-1}$.
- » **Ozônio** – Oxidante forte que, quando aplicado na forma de gás, destrói as paredes das membranas celulares de microrganismos, matando-os. É produzido no local por meio de equipamentos ozonizadores que utilizam ar natural ou oxigênio puro. Não produz subprodutos residuais.
- » **Cloro** – Também funciona mediante oxidação das membranas celulares dos microrganismos. Pode ser aplicado na forma de gás cloro, hipoclorito de sódio, hipoclorito de cálcio, dióxido de cloro e cal clorada, comumente. O cloro pode formar subprodutos indesejáveis na presença de matéria orgânica denominada *trihalometanos* (THMs), que são carcinogênicos, sendo, portanto, controlados.

Para além do uso de UV, utiliza-se um tanque de contato para que ocorra a desinfecção, pois o agente desinfetante tem de ser misturado completamente na água para que tenha um tempo satisfatório de contato com ela e, assim, todas as reações ocorram.

Em um **tratamento simplificado**, dependendo das características da água, pode-se acrescentar um ou mais processos, descritos a seguir:

- » **Aeração** – Consiste em adicionar ar atmosférico para que o oxigênio presente no ar reaja com sulfetos, sais de ferro e outros produtos, oxidando-os, a fim de eliminar gosto e cheiro desagradáveis. É um método simples, que força a água a passar por ressaltos hidráulicos, ou seja, cascatas e quedas de água. Em alguns casos, aeradores submersos podem ser utilizados em tanques de aeração. Esse processo é muito utilizado em águas subterrâneas ou nas retiradas de águas profundas de reservatórios.

- **Remoção de dureza** – Os sais de cálcio e magnésio podem ser removidos: por precipitação química com o uso de cal ou barrilha (cal + soda), aumentando a alcalinidade e permitindo que os sais precipitem ao fundo de um tanque; com o uso de zeólitos, minerais porosos que têm propriedades de trocar o sódio pelo cálcio ou magnésio e podem ser naturais ou artificiais; ou por troca iônica, uso de uma resina catiônica que atua da mesma forma que os zeólitos.
- **Correção do pH** – Para águas com alta acidez, faz-se a correção do pH com o uso de cal ou carbonatos.
- **Filtração lenta e filtração em múltiplas etapas** – Quando a água contém uma quantidade de sólidos em suspensão que lhe conferem cor e turbidez, sem ultrapassar 50 UT, e que servem a um sistema de pequeno porte, pode-se utilizar o processo de filtração lenta ou filtração em múltiplas etapas.

A **filtração lenta** consiste em um processo físico e biológico de fluxo descendente, ou seja, a água entra pela parte superior do filtro e é retirada na parte inferior, onde os sólidos em suspensão ficam retidos nos interstícios (espaços vazios) de um meio filtrante. O meio filtrante é um material inerte, ou seja, não tem reatividade química, sendo de baixa granulometria – geralmente grãos de areia. Com o uso e a presença de material orgânico, os grãos de areia acabam virando um suporte de vida microbiológica, o qual produz uma película gelatinosa (biofilme), permitindo que agentes patogênicos e coloides fiquem retidos ali.

Com o tempo de uso, as impurezas retidas vão preenchendo os espaços do filtro e impedem o fluxo descendente da água (colmatação), sendo necessária a remoção da camada superior do filtro. Com esse procedimento, ao longo do tempo, o meio filtrante vai ficando cada vez menor dentro do filtro; quando é reduzido à metade de sua capacidade, a totalidade da areia do filtro deve ser retirada, lavada e reposta. A altura do filtro varia de 0,9 a 1,2 metros. Outra variável a ser observada é a taxa de aplicação superficial (TAS), que é a vazão de um fluido aplicado a determinada área. Essa não deve ser superior a $6 \text{ m}^3 \cdot \text{m}^{-2} \cdot \text{dia}^{-1}$, segundo a NBR 12216/1992 (ABNT, 1992).

Exercício resolvido

1. Dada uma vazão de água de 1 m³ · h⁻¹ (Q) a ser tratada em um filtro lento cuja altura (h) é de 1 m e a TAS sugerida é de 6 m³ · m⁻² dia⁻¹, qual seria o volume (V) do filtro? Considere A = área (m²).

$$A = \frac{Q}{TAS} = \frac{1\frac{m^3}{hora}}{6\frac{m^3}{m^2 \cdot dia}} = \frac{24\frac{m^3}{dia}}{6\frac{m^3}{m^2 \cdot dia}} = 4 \text{ m}^2$$

Resposta: V = A · h = 4 m² · 1 m = 4 m³.

A **filtração em múltiplas etapas** (FiME) consiste no uso de filtros lentos dispostos em sequência, tendo cada um meio filtrante com granulometria específica, sendo maior no primeiro tanque e diminuindo gradativamente nos filtros subsequentes. Isso retarda a colmatação, com a vantagem de permitir operações de retirada e limpeza do meio filtrante menos frequentes.

Quando se exige somente um tratamento simplificado, incluem-se os processos de cloração e de fluoretação, podendo ser necessário incluir a desinfecção, a aeração, a remoção de dureza, a correção do pH e a filtração lenta. A Figura 3.3, a seguir, resume o tratamento simplificado.

Figura 3.3 – Tratamento simplificado

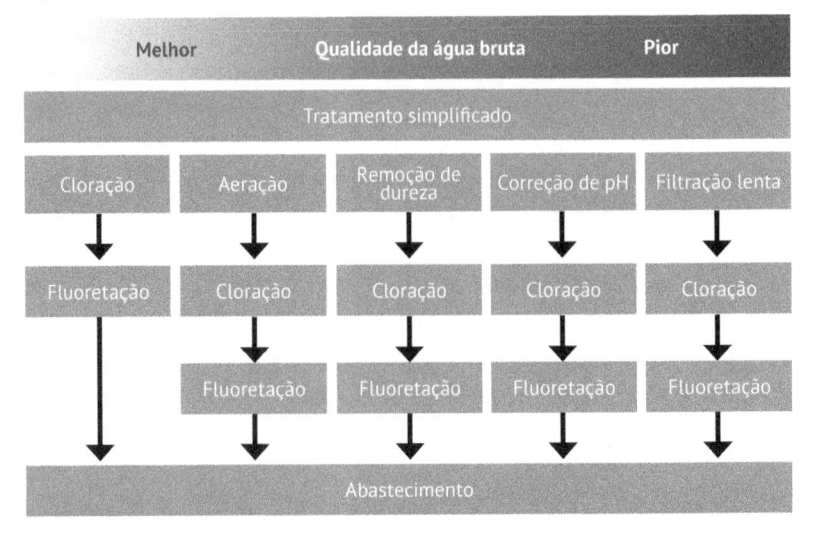

Melhor	Qualidade da água bruta	Pior
Tratamento simplificado		
Cloração	Aeração	Remoção de dureza	Correção de pH	Filtração lenta
↓	↓	↓	↓	↓
Fluoretação	Cloração	Cloração	Cloração	Cloração
	↓	↓	↓	↓
	Fluoretação	Fluoretação	Fluoretação	Fluoretação
↓	↓	↓	↓	↓
Abastecimento				

Sistemas de abastecimento de água

No **tratamento convencional**, utiliza-se o sistema de clarificação e a filtração. O tratamento convencional consiste em retirar da água os sólidos suspensos e os coloidais (sólidos em suspensão que não sedimentam pela ação da gravidade). A Figura 3.4 apresenta um fluxograma estilizado de sistema de tratamento convencional.

Figura 3.4 – Representação de um sistema de abastecimento de água convencional elaborado pela Companhia de Saneamento de Minas Gerais (Copasa) para divulgação

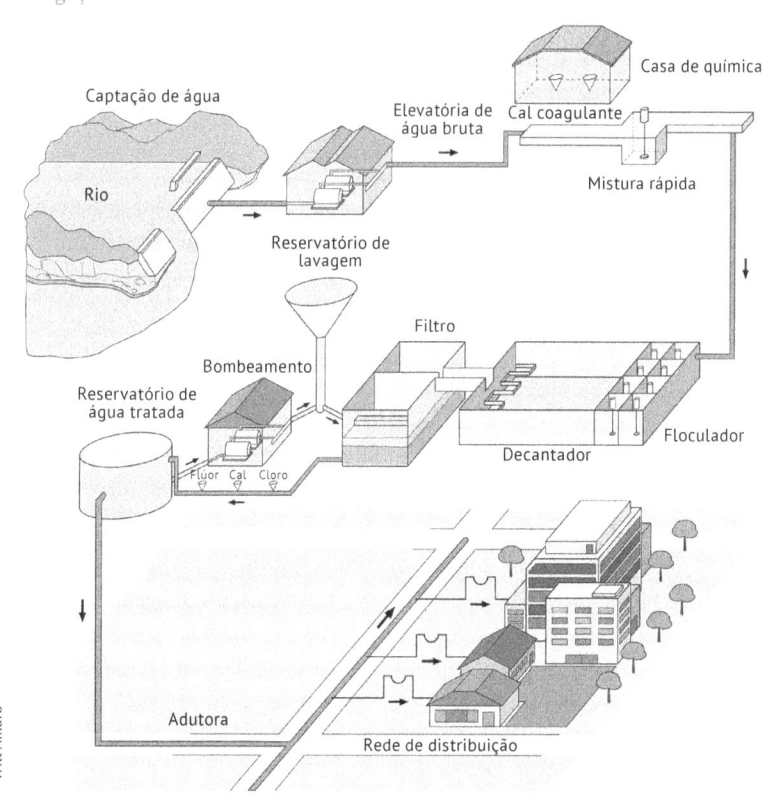

Fonte: Copasa, 2020.

No tratamento convencional, são utilizados produtos químicos que se aderem às partículas, unindo-as, aumentando seu tamanho e sua densidade; o que facilita sua remoção. Esse processo de aglutinação das partículas é chamado de *coagulação*.

Os produtos químicos que podem ser utilizados no **processo da coagulação** são: sulfato de alumínio, sulfato ferroso, sulfato férrico, cloreto férrico, caparrosa clorada (solução de sulfato férrico e cloreto férrico), aluminato de sódio e policloreto de alumínio (PAC). De forma auxiliar, aumentando a eficiência do processo, outros agentes coagulantes podem ser utilizados em conjunto. Os mais comuns são cal, bentonita, acrilamida, silicato de cálcio e polímeros artificias ou naturais, catiônicos ou aniônicos, quando for o caso.

Na sequência, há a **etapa de floculação**, que consiste em fazer as partículas coaguladas se aproximar umas das outras e formar flocos de maior tamanho. Esse fenômeno ocorre em razão da atração de cargas elétricas nos sólidos coagulados e, portanto, são muito sensíveis à agitação da água, devendo esse processo ocorrer em condições de agitação leve e controlada.

O **processo de clarificação** ocorre em três etapas: (1) mistura rápida, na qual ocorre a coagulação; (2) mistura lenta, na qual acontece a floculação; e (3) sedimentação (ou decantação). A mistura rápida ocorre em um tanque onde são adicionados os produtos químicos selecionados, na quantidade estabelecida em testes analíticos (sobre os quais trataremos adiante nesta obra). Para que o agente coagulante tenha contato com toda a água, é necessário promover uma turbulência, que, hidraulicamente, é chamada de *mistura completa*, na qual o tanque de mistura rápida é dotado de um misturador mecânico de alta rotação.

De forma a substituir esse tanque, pode-se utilizar um dispositivo de medição de vazão denominado *calha Parshall*, que consiste em um vertedouro com dimensões preestabelecidas conforme a vazão a ser escoada. Além de promover a medição da vazão pela diferença da altura da lâmina de água, ela tem um ressalto hidráulico, permitindo que toda a água que passe pela calha entre em regime turbulento de mistura completa. É muito comum seu uso em obras de saneamento por sua praticidade na aplicação de produtos químicos, como é o caso da adição de agentes coagulantes e retificadores de pH.

O tanque de mistura lenta, ou *tanque de floculação*, promove o encontro das partículas coaguladas e permite a formação dos flocos. É um tanque dotado de um misturador mecânico de baixa rotação, que possibilita que os flocos formados não sejam destruídos. O tempo de detenção hidráulica (TDH) – tempo que um fluido leva para entrar e sair do sistema – é de aproximadamente 30 minutos.

Na última etapa da clarificação, emprega-se o tanque de sedimentação ou decantação. O termo *decantação* também é aplicado, pois significa a separação de duas fases heterogêneas, no caso a água e as impurezas, na forma de flocos.

Esse tanque promove a sedimentação propriamente dita dos flocos gerados nas etapas anteriores. Os sedimentadores são tanques retangulares ou circulares, com o fundo levemente inclinado para auxiliar a descarga do material sedimentado e com calhas em suas bordas, as quais conduzem a água clarificada para fora do sistema. Na Figura 3.5, apresentamos um exemplo de tanque de sedimentação.

Figura 3.5 – Tanque de sedimentação da ETA Iguaçu, Sanepar, Curitiba/PR

Guilherme Samways

Existem os sedimentadores convencionais, também chamados de *fluxo horizontal* ou *de baixa taxa*, e os tubulares, também conhecidos como *fluxo laminar* ou *de alta taxa*. A estrutura interna dos sedimentadores de alta taxa contém placas ou anteparos perpendiculares ao fluxo hidráulico, as quais fazem as partículas em suspensão perderem energia ao ir de encontro a esses obstáculos, sendo, por fim, sedimentadas. A vantagem do sedimentador tubular em relação ao convencional reside no TDH menor, o que implica um aparelho de dimensões também menores.

Como dimensionamento, são sugeridos parâmetros de projeto. Para o sedimentador convencional, o TDH é de 2 a 4 horas, e a TAS, de 20 até 60 $m^3 \cdot m^{-2} \cdot dia^{-1}$. Para o tubular, o TDH é de 1 a 2 horas, e a TAS, de até 150 $m^3 \cdot m^{-2} \cdot dia^{-1}$. Para ambos, a profundidade mínima é de 2,5 m e a máxima de 5,5 m. Para o sedimentador retangular, o comprimento deve ser quatro ou mais vezes maior que a largura, ou seja, tem de ser mais comprido do que largo. A NBR 12216/1992 (ABNT, 1992) sugere que a TAS seja proporcional à vazão, variando de 25 a 40 $m^3 \cdot m^{-2} \cdot dia^{-1}$. Os parâmetros de projeto podem ser calculados com base em testes de sedimentabilidade realizados na água bruta em laboratório.

O material sedimentado, também chamado de *lodo*, é retirado do tanque manualmente ou mecanicamente, e, dependendo das características de volume do componente sedimentado, seu armazenamento deve ser contabilizado nos cálculos dos sedimentadores. O material deve ser retirado com a maior frequência possível, pois sua degradação no fundo do sedimentador pode conferir à água um sabor desagradável. O lodo acumulado deve passar por um tratamento para destinação final, para o qual poderão ser empregadas tecnologias semelhantes às do tratamento de esgoto, a serem expostas no próximo capítulo.

Sistemas de abastecimento de água

> **Exercício resolvido**
>
> 1. Dimensione um sedimentador convencional para uma vazão de 10.000 m³·d⁻¹, com uma TAS sugerida de 60 m³·m⁻²·dia⁻¹, TDH de aproximadamente 2 horas, relação comprimento (B) igual a 4 vezes a largura (L), e profundidade (h) de 2,5 a 5,5 metros. Considere A = área (m²); V = volume (m³).
>
> $$A = \frac{Q}{TAS} = \frac{10.000 \frac{m^3}{d}}{60 \frac{m^3}{m^2 \cdot dia}} = 167 \, m^2$$
>
> $$Q = \frac{V}{TDH} \therefore V = Q \cdot TDH = 10.000 \frac{m^3}{d} \cdot 2\,h \cong 416,67 \frac{m^3}{h} \cdot 2\,h \cong 833\,m^3$$
>
> $$V = A \cdot h \therefore h = \frac{V}{A} = \frac{833\,m^3}{167\,m^2} \cong 4,99\,m \approx 5,0\,m$$
>
> $$A = L \cdot B = L \cdot 4L \therefore 4L^2 =$$
>
> $$= A \therefore L^2 = \frac{167\,m^2}{4} = 41,75\,m^2 \therefore L = \sqrt{41,75\,m^2} \cong 6,45\,m$$
>
> $$B = 4L = 4 \cdot 6,46\,m \cong 25,85\,m$$
>
> **Resposta**: O volume do sedimentador terá comprimento de 25,85 m por 6,45 m de largura e 5 m de altura.

Para determinar o agente coagulante a ser adotado e sua quantidade, um simples teste pode ser adotado: o ensaio de floculação, ou, simplesmente, *teste de jarros* (Figura 3.6). Trata-se de um ensaio realizado em laboratório, simulando os processos de coagulação, floculação e sedimentação. Simultaneamente, dado agente coagulante é dosado em frascos, na água bruta, em um pH conhecido, no qual vários testes são realizados para se identificar o produto químico ideal no que se refere a custo e consumo, bem como para identificar o pH ideal para a aplicação e aferir a eficiência do processo, a fim de refinar os parâmetros de dimensionamento.

Figura 3.6 – Teste de jarros

Guilherme Samways

Uma grande parte dos flocos é retirada pelo processo de sedimentação; porém uma parcela muito fina, sobrenadante, ainda pode permanecer, sobretudo quando a eficiência do sedimentador diminui em virtude da operação de retirada do lodo. Portanto, convém realizar uma etapa de filtração, com o intuito de refinar e garantir a retirada da maior quantidade possível de flocos da água. Além da retirada dos flocos remanescentes, a filtração auxilia na remoção de microrganismos.

O **processo de filtração** consiste em fazer a água passar por um meio filtrante, composto por areia em granulometrias diversas e suportado por uma camada de cascalho. De acordo com a granulometria do meio filtrante, a filtração pode, como já informamos, ser lenta ou rápida. O último pode ter camada dupla ou simples, de fluxo ascendente ou descendente, sendo o ascendente próprio de camada simples.

As TAS devem ser determinadas em ensaios laboratoriais em escala-piloto. Quando da impossibilidade, devem-se utilizar os seguintes parâmetros: no filtro rápido de fluxo descendente, admite-se TAS de 180 $m^3 \cdot m^{-2} \cdot dia^{-1}$ em camada simples e de 360 $m^3 \cdot m^{-2} \cdot dia^{-1}$ em camada dupla, e no filtro rápido de fluxo ascendente, 120 $m^3 \cdot m^{-2} \cdot dia^{-1}$, segundo a NBR 12216/1992 (ABNT, 1992). Na Figura 3.7, exemplificamos a disposição do meio filtrante.

Figura 3.7 – Representação de filtração em fluxo descendente da água em ETAs convencionais

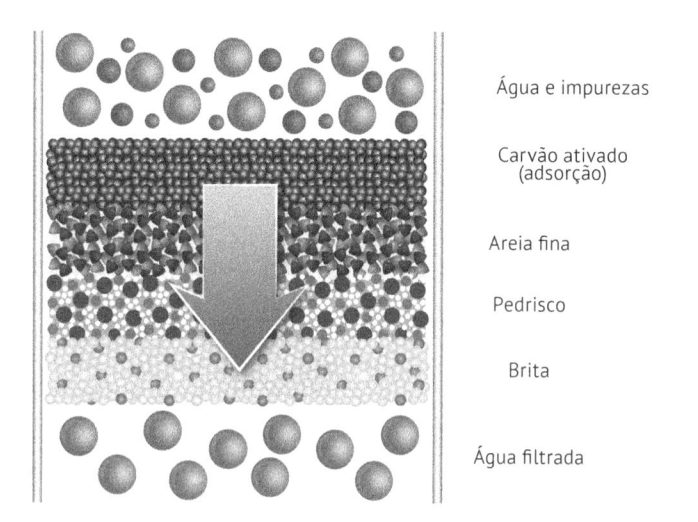

Água e impurezas

Carvão ativado (adsorção)

Areia fina

Pedrisco

Brita

Água filtrada

John1179/Shutterstock

O meio filtrante simples deve ser constituído de areia com diâmetro entre 0,45 mm e 0,55 mm e essa camada deve ter espessura mínima de 45 cm. No caso dos filtros com camada dupla, a espessura da camada de areia tem de ser superior a 25 cm, com areia de diâmetro entre 0,40 mm e 0,45 mm; e a segunda camada, composta de antracito, de diâmetro entre 0,8 mm e 1,0 mm, deve ter espessura de, no mínimo, 45 cm. Servindo de suporte ao meio filtrante, são colocados seixos rolados de dimensões variadas, sendo que os de base devem obrigatoriamente ter o dobro do tamanho do superior. Para os filtros rápidos de fluxo ascendente, o meio filtrante deve ter altura mínima de 2,0 m e diâmetro com areia entre 0,7 mm e 0,8 mm.

Com o tempo, os filtros podem colmatar em razão do acúmulo de flocos presos nos interstícios do meio filtrante. Para promover a limpeza, pressuriza-se água tratada no fluxo inverso, carregando o material retido para fora. Essa água de lavagem retorna ao início do tratamento.

Dependendo da qualidade da água, o processo de clarificação pode ser reduzido, utilizando-se filtros para reter os flocos formados na coagulação. Seguem, no Figura 3.8, algumas alternativas de fluxogramas de sistemas convencionais de tratamento de água.

Figura 3.8 – Processos de tratamento de água

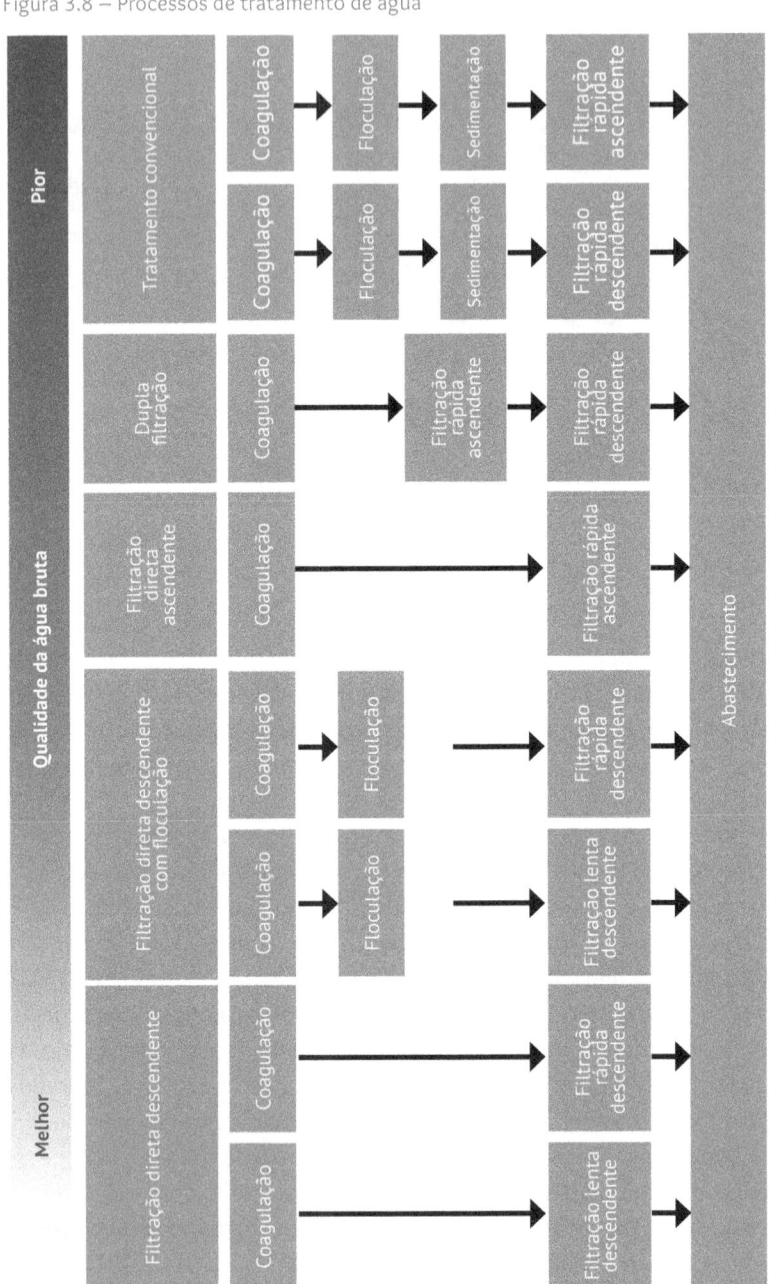

Nos processos de **tratamento avançado**, tem-se a prerrogativa de melhorar a qualidade da água, sobretudo daquela em que há algas e cianobactérias, que podem atribuir ao fluido sabor e odor ruins, pela ação de toxinas e de matéria orgânica que, em conjunto com o cloro, podem formar subprodutos indesejáveis. Os dois processos comumente utilizados são a *adsorção por carvão ativado*, aplicada a uma camada nos filtros pós-sedimentação, e o uso de *membranas*. Essa última tecnologia está sendo implantada em larga escala na atualidade, em virtude da diminuição da oferta hídrica em grandes centros. Ressaltamos que o uso de membranas permitiria a utilização de mananciais de água com certa degradação, não interferindo na qualidade e aumentando a quantidade de água distribuída.

3.3.5 Reservatórios

Como expusemos, o consumo de água não é inalterável ao longo do dia. Contudo, as ETAs assumem essas variações na produção de água tratada; elas levam em consideração o consumo médio diário. Por essa razão, não suprem a quantidade de água em uma hora de pico, por exemplo. Para que não ocorra desabastecimento, faz-se o uso de reservatórios instalados ao longo da rede de distribuição, no intuito de atender a população mesmo com essas variações de consumo.

Durante o dia, período em que o consumo é maior, a água do reservatório vai liberando para consumo uma vazão maior que a recebida da ETA, e à noite, a vazão de entrada no reservatório é maior que sua saída, compensando as perdas diurnas. Além de promover esse equilíbrio, os reservatórios estocam água em quantidade suficiente para atender a população por certo número de horas em caso de paralisação da produção de água, para a reserva para incêndios e para a manutenção da pressão ao longo da rede. Nessas últimas situações, estocam-se de 25% a 30% a mais do que o dia de maior consumo. A Figura 3.9 exibe a vista geral de uma ETA.

Figura 3.9 – Vista geral da ETA Iguaçu, Sanepar, Curitiba/PR

Guilherme Samways

Os reservatórios devem ser bem construídos, protegidos e limpos frequentemente, a fim de garantir a qualidade da água tratada. Podem ser construídos abaixo ou acima do nível do solo, dependendo das condições topográficas do local. Os reservatórios podem ser localizados a jusante da rede de distribuição. É importante contar com um reservatório nas ETAs para armazenar água quando se faz uso de filtros com retrolavagem, pois a água utilizada para a limpeza dos filtros, quando colmatados, deve ser tratada e ser reservada para esse uso.

3.3.6 Rede de distribuição

As redes de distribuição são compostas de tubos e conexões por meio dos quais a água tratada pelas ETAs é distribuída aos usuários do sistema. O tipo da rede depende do tipo da topografia, do arruamento, do loteamento e do solo local. As redes devem trabalhar em conduto forçado, com uma pressão mínima para que seja possível abastecer edificações com até três pavimentos (10 m.c.a. – metros de coluna de água) sem o uso de recalques ou de bombas adicionais. Edificações com mais de três pavimentos requerem cisterna e bombas hidráulicas para elevar a água até os andares superiores. Contudo, a pressão não deve ser muito alta, pois altas pressões podem provocar o rompimento de tubulações e perdas de água tratada.

As redes de distribuição podem ser: **ramificadas**, nas quais, a partir de uma tubulação principal, são divididas em várias tubulações secundárias; **malhadas**, quando, a partir de uma tubulação principal, também são divididas, porém continuam interconectadas entre si; e **malhadas com anel**, que têm tubulações de maior diâmetro circundando as ramificações e reduzindo as perdas de pressão no sistema.

As redes de distribuição, ao longo de seu trajeto, devem contar com válvulas de manobras, para interromper o fluxo de água em determinada região e permitir manutenções e a correção de problemas de vazamentos. Também devem ter ventosas para a retirada de ar acumulado nas tubulações

As adutoras podem ser construídas sobre ou sob o solo, porém as redes são obrigatoriamente construídas sob o solo, em valas contíguas às vias acima da tubulação de coleta de esgotos. Essas valas devem ser recobertas com areia e terra, de forma a amortecer as vibrações da via, provocada pela passagem de automóveis e caminhões, que podem danificar as tubulações quando em ressonância.

Como última etapa das redes de distribuição, tem-se a ligação predial, ou seja, a ligação dos ramais à edificação. É realizada por tubulações de menor diâmetro que conecta a rede ao cavalete colocado no lote das edificações, no qual é instalado um hidrômetro para medir a vazão de consumo.

Tanto na adução quanto na distribuição da água, ocorrem perdas de carga ao longo do sistema. Como forma de garantir pressão mínima adequada e abastecer toda a população, deve ser empregadas **estações elevatórias**, ou seja, bombas hidráulicas que possibilitem o recalque da água em alturas maiores, a fim de recuperar a pressão perdida ao longo do trajeto da água. Essas estações também são usadas na captação da água e para aumentar a vazão requerida na rede, nos registros de descarga, nos hidrantes e nos redutores de pressão.

Síntese

Neste capítulo, evidenciamos que um sistema de abastecimento de água é o conjunto de obras civis, serviços e instalações que tem por objetivo produzir e distribuir água com quantidade e qualidade satisfatória para atender às necessidades da população, contribuir com o desenvolvimento econômico e promover a saúde.

Também explicamos como é estimada a vazão de consumo de água, que envolve os cálculos da quantidade de água necessária para atender determinada população, incluindo informações sobre o número de pessoas a serem atendidas e o consumo de água *per capita*.

Ainda, esclarecemos que o consumo de água *per capita* é a quantidade de água tratada consumida por pessoa, e a variação do consumo de água é o coeficiente de acréscimo no cálculo estimativo de consumo de água em razão da variação de consumo horário e diário da população. Já a população de projeto pode ser estimada com base em dados censitários e deve ser atendida com água tratada pelo sistema de abastecimento de água projetada.

Um sistema convencional de tratamento de água é o conjunto de processos que inclui a coagulação, a floculação, a sedimentação, a filtração, a desinfecção, a cloração e a fluoretação da água, a fim de conferir ao fluido características que garantam a qualidade para o consumo. Por outro lado, também é possível retirar a água dos mananciais de abastecimento, ou seja, direto da natureza para o consumo da população.

Questões para revisão

1. (FGV – 2016 – Compesa) A Portaria n. 2.914, de 12 de dezembro de 2011 dispõe sobre os procedimentos de controle e de vigilância da qualidade da água para consumo humano e seu padrão de potabilidade. Segundo esse instrumento legal, é obrigatória a manutenção de residual mínimo de agente desinfetante em toda a extensão do sistema de distribuição (reservatório e rede).

Sistemas de abastecimento de água

Dentre os agentes desinfetantes: cloro (I), dióxido de cloro (II) e radiação ultravioleta (III), são exemplos dos que deixam residual:
   a. I, apenas.
   b. III, apenas.
   c. I e II, apenas.
   d. II e III, apenas.
   e. I, II e III.

2. (Fadesp – 2017 – Cosanpa) São unidades componentes do sistema de abastecimento de água potável:
   a. manancial, adução, estação de tratamento; filtração; desinfecção e distribuição.
   b. manancial, captação, filtração; desinfecção; reservação e distribuição.
   c. manancial, captação, adução, estação de tratamento; reservação e distribuição.
   d. manancial, estação de tratamento; sucção, recalque, reservação e distribuição.

3. (IBFC – 2017 – Embasa) Embora possa ser desenhada de forma mais elaborada ou mais simplificada, uma estação de tratamento de água obedece aos passos que seguem, lembrando que as cinco fases principais (coagulação, sedimentação, cloração, filtração e floculação) devem estar presentes em todas as formas de visualização.

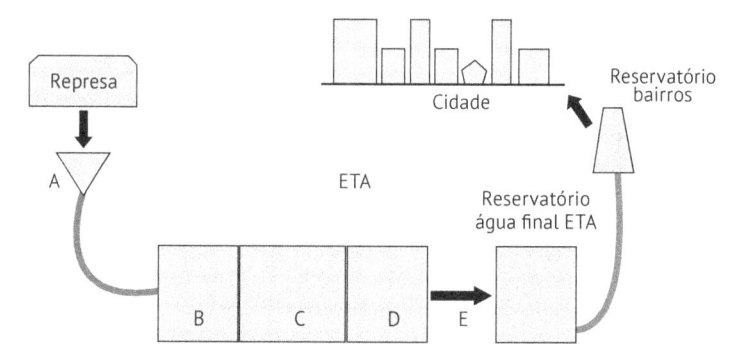

A água é agitada lentamente, para favorecer a união das partículas de sujeira, formando os flocos. Esse procedimento ocorre na:
a. etapa A.
b. etapa D.
c. etapa C.
d. etapa B.

4. Segundo a Portaria da Consolidação n. 5/2017 do Ministério da Saúde, Anexo XX, a quantidade de cloro residual livre é de, no mínimo, 0,2 mg·L^{-1} e de, no máximo, 2,0 mg·L^{-1}. Independentemente do tipo de desinfecção, por qual motivo se exige essa quantidade de cloro?

5. Leia o trecho da reportagem a seguir:

> A análise do consumo de água revela aspectos interessantes de uma Curitiba pouco conhecida. Esta é a conclusão dos técnicos da Sanepar que analisaram o consumo de água tratada na capital do Estado. No estudo, foram considerados os bairros e as diversas categorias de clientes da empresa: residencial; comercial, industrial, utilidade pública e poder público. As informações são sobre o consumo em abril deste ano [2010].
> A Sanepar fornece água, diariamente, para 1.775.840 curitibanos, que vivem em 599.777 unidades residenciais. [...] Na média, cada morador da capital consome 138 litros de água tratada por dia. No Mossunguê, é registrado o maior consumo *per capita* dia^{-1}: são 365 litros. Em seguida vem o Batel, com 289 litros *per capita* dia^{-1}. Os moradores que gastam menos são os dos bairros São Miguel (38 litros *per capita* dia^{-1}), Prado Velho (79) e Caxîmba (84). [...]
> Fonte: Curitibano..., 2010.

Considerando somente a distribuição de água para residências, sem levar em conta o abastecimento industrial e de serviços, identifique os seguintes itens:
a. Consumo *per capita* dos habitantes de Curitiba.
b. Número de economias atendidas-.
c. Número de habitantes por economia.
d. Consumo de água total para abastecimento em Curitiba (m^3·dia^{-1}).
e. Caso todos os habitantes de Curitiba consumissem a mesma quantidade por pessoa que os moradores do bairro do Batel, qual seria o consumo (m^3·dia^{-1}).

Sistemas de abastecimento de água

Questões para reflexão

1. O Instituto Trata Brasil lançou um estudo sobre perdas na produção de água tratada no país, com os dados nacionais de 2017, intitulado *Perdas de água 2019 (SNIS 2017): desafios para disponibilidade hídrica e avanço da eficiência do saneamento básico*. Esse estudo apresenta dados sobre indicadores e perdas de água tanto na geração e distribuição (perdas reais) quanto perdas na micromedição (hidrômetros) (perdas aparentes). Verifique os índices de perda de seu estado e de sua cidade (se esta estiver contemplada no estudo) e discuta com os colegas ações que poderiam ser implementadas localmente para diminuir esses índices em sua região.

TRATA BRASIL. **Perdas de água 2019 (SNIS 2017)**: desafios para disponibilidade hídrica e avanço da eficiência do saneamento básico. São Paulo, maio 2019. Disponível em: <http://www.tratabrasil.org.br/images/estudos/itb/Estudo_de_Perdas_2019_5.pdf>. Acesso em: 20 jun. 2020.

2. A falta de água com qualidade para o consumo humano faz as pessoas procurarem por fontes de água que nem sempre são adequadas para o consumo, o que se torna essencialmente um veículo de transmissão de doenças vinculadas hidricamente.
   a. Faça uma pesquisa detalhada sobre algumas dessas doenças.
   b. Visite o posto de saúde mais próximo de sua casa e procure informar-se, com os responsáveis pela unidade, sobre os indicadores das doenças identificadas em sua região. Caso não consiga os dados no posto de saúde, procure a secretaria municipal de sua cidade.

3. Existem programas para minimizar os efeitos da estiagem em regiões áridas e semiáridas no planeta. Um projeto brasileiro ganhou prêmios internacionais por promover o uso de cisternas para a captação das águas das chuvas. Faça uma pesquisa sobre o programa *1 milhão de cisternas para o semiárido* e reflita sobre a alternativa das águas meteóricas como manancial de abastecimento de comunidades nessas regiões.

4. Realize uma pesquisa direcionada aos seguintes temas: absorção em carvão ativado no tratamento de água e uso de membranas para tratamento de água. Verifique como cada uma dessas tecnologias funciona e como elas auxiliam no tratamento de água para abastecimento.

5. Leia o trecho do texto *Perdas de água na distribuição: causas e consequências. Saiba mais*, a seguir transcrito:

> A perda de água é um dos pontos mais frágeis do sistema de saneamento e das empresas operadoras. Em qualquer processo de abastecimento de água por meio de redes de distribuição no mundo ocorrem perdas de água. As chamadas perdas reais são as associadas aos vazamentos, já as perdas aparentes são as relativas à falta de hidrômetros ou demais erros de mediação, às ligações clandestinas e ao roubo de água. [...]
> Todas essas perdas trazem vários impactos negativos, seja à sociedade, ao meio ambiente, à receita das empresas e mesmo aos investimentos necessários aos avanços do saneamento. Segundo o estudo*, a cada 100 litros de água coletados e tratados, em média, apenas 63 litros são consumidos. Ou seja, 37% da água no Brasil é perdida, seja com vazamentos, roubos e ligações clandestinas, falta de medição ou medições incorretas no consumo de água, resultando no prejuízo de R$ 8 bilhões. [...].
> Fonte: Trata Brasil, 2017, grifo do original.

Em tempos de *fake news*, verifique a veracidade da informação por meio de buscas em outros meios de comunicação, empresas de saneamento e outros órgãos oficiais ou de organizações não governamentais (ONGs) que tratam sobre o assunto. Descubra quais são os índices de perda real e aparente de sua cidade, verifique os locais do Brasil onde há o maior índice de perdas e proponha medidas para minimizá-los.

Capítulo 4

Sistemas de coleta e tratamento de esgotos sanitários

Conteúdos do capítulo

- » Tipologia dos esgotos segundo sua origem.
- » Tipos de sistemas de coleta de esgotos.
- » Quantificação da produção de esgotos.
- » Composição dos esgotos sanitários.
- » Eficiência desejada para a remoção de parâmetros em estações de tratamento de esgotos.
- » Sistemas de tratamento de esgotos.
- » Estações de tratamento de esgotos.

Após o estudo deste capítulo, você será capaz de:

1. detalhar a tipologia dos esgotos com base em sua geração;
2. identificar os tipos de sistemas de coleta de esgotos;
3. estimar a quantidade gerada de esgoto sanitário;
4. elencar os parâmetros físico-químicos e biológicos da composição do esgoto sanitário;
5. determinar a eficiência de remoção de poluentes no esgoto sanitário em estações de tratamento de esgotos;
6. apontar os limites de lançamento de poluentes em corpos receptores;
7. descrever os sistemas individuais de tratamento de esgotos sanitários;
8. dimensionar um sistema de tanques sépticos;
9. reconhecer os componentes de uma estação de tratamento de esgotos sanitários;
10. delimitar os tipos de sistemas de tratamento de esgotos sanitários.

Como expusemos no primeiro capítulo deste livro, a água é utilizada como solvente universal, sendo aplicada em diversas atividades, entre as quais estão a limpeza e o transporte das impurezas. Caso essas águas não fossem coletadas, tratadas e destinadas de maneira correta, haveria grande dispersão de poluentes nocivos à saúde e ao meio ambiente. Um exemplo é a correlação entre a falta de coleta e tratamento de esgotos e as altas taxas de contaminação por doenças vinculadas hidricamente. Nas regiões onde a coleta e o tratamento de esgoto são precários, verificam-se altos índices de pessoas com doenças relacionadas com a água contaminada.

Esgoto é o nome designado a essas águas que são descartadas e não podem ser utilizadas de maneira salutar. Neste capítulo, abordaremos, de forma sucinta, os tipos de esgoto, a infraestrutura necessária para coletar e afastar o esgoto, sua composição e seu tratamento.

4.1 Tipologia e sistemas de coleta de esgotos

Os esgotos podem ser classificados de acordo com sua origem em: esgoto industrial, esgoto pluvial e esgoto sanitário.

O **esgoto industrial** está intimamente ligado aos processos produtivos, apresentando qualidades únicas conferidas pelas especificidades do sistema fabril. Por essa razão, necessita de tratamentos específicos de acordo com as características próprias do efluente, ou seja, cada tipo de indústria possui uma tipologia de esgoto diferente; até mesmo indústrias do mesmo segmento podem utilizar tecnologias de produção diferenciada. Suas vazões geralmente são intermitentes e grandes, com sua contribuição localizada.

O **esgoto pluvial** é constituído essencialmente pelas águas das chuvas, que fazem uma espécie de limpeza da atmosfera, da superfície de telhados e calçadas e da própria tubulação, transportando seus sedimentos. É tipicamente intermitente, sazonal e de composição variável.

Já o **esgoto sanitário** pode ser considerado o somatório do esgoto oriundo das atividades humanas, sobretudo da utilização de sanitários, banhos e cozinhas (esgoto doméstico), água de infiltração e uma parcela do esgoto industrial que possa ser caracterizado como semelhante ao esgoto sanitário (Dacach, 1990; Samways; Aisse; Andreoli, 2010; Sperling, 1996).

Utilizam-se também os termos *águas negras,* para denominar o esgoto eliminado, exclusivamente, de bacias sanitárias, e *águas cinzas,* para designar o esgoto originado de chuveiros, cozinhas e áreas de serviço.

Sistemas de coleta e tratamento de esgotos sanitários

Os sistemas de coleta de esgotos podem ser individuais, unitários, separadores absolutos e mistos.

Os **sistemas individuais** de esgotamento são aqueles conectados à edificação ou ao condomínio. São adotados na ausência de redes coletoras de esgoto, principalmente em residências ou condomínios isolados em regiões com baixa densidade demográfica. Quando as unidades consumidoras de água são distantes entre si, o investimento financeiro para se efetivar a rede de coleta de esgoto tende a ser muito alto para o atendimento de poucos usuários. Dessa forma, dá-se preferência a investimentos em áreas mais densamente ocupadas, a exemplo do explicado no capítulo anterior sobre as ligações de água. Nesse contexto, aparece o uso de tratamentos individualizados de esgoto, entre eles, o tanque séptico.

O **sistema unitário** é aquele que abrange a totalidade das águas residuárias, ou seja, o esgoto doméstico e o pluvial são coletados e encaminhados conjuntamente a uma única galeria de coleta, misturando os tipos de esgoto (Figura 4.1). Não se recomenda esse tipo de sistema no Brasil porque ele exige canalizações de grandes diâmetros, sobretudo em regiões com grandes índices pluviométricos; há riscos de refluxo do esgoto sanitário para as residências; pode ocorrer mau cheiro nas bocas de lobo; e, principalmente, pelo superdimensionamento das estações de tratamento de esgotos (ETEs) em razão do grande volume de esgotos gerado no período de chuvas.

Figura 4.1 – Representação do sistema unitário de coleta de esgotos

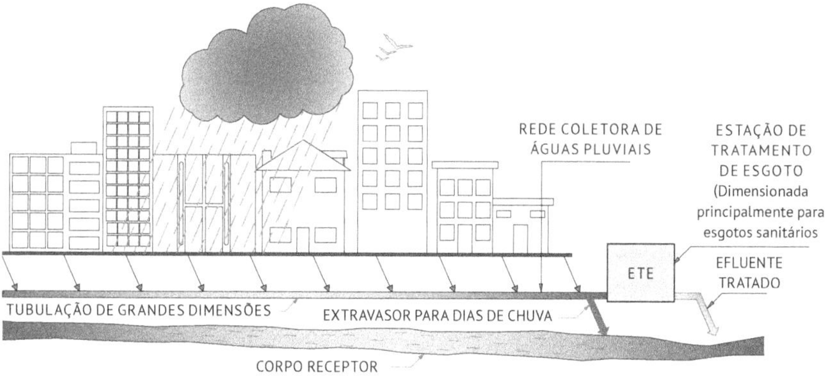

Fonte: Brasil, 2015, p. 181.

No Brasil, exige-se a utilização do **sistema separador absoluto** (Figura 4.2), o qual segrega as águas oriundas do esgoto pluvial das do esgoto sanitário. É comum, porém, encontrar interconexões entre a água de drenagem e o esgoto sanitário; nesse caso, acontece a contaminação com características indesejadas do esgoto pluvial, e, na situação oposta, a vazão desse sistema aumenta. Essa interconexão ocorre pela falta de fiscalização nas obras e edificações onde, por mera comodidade dos moradores e construtores, são acrescidas ao esgoto sanitário as águas pluviais e vice-versa.

Figura 4.2 – Representação de sistema separador absoluto de coleta de esgotos

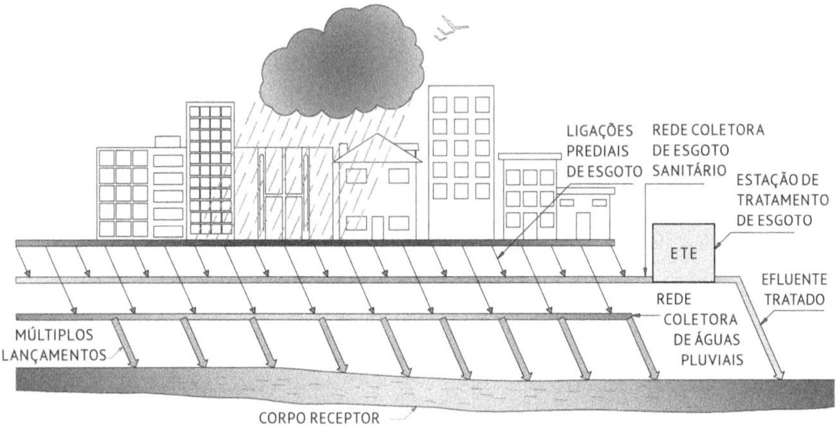

Fonte: Brasil, 2015, p. 182.

As razões para se exigir o uso do sistema separador absoluto no Brasil são:
- » alto índice pluviométrico na maioria das localidades brasileiras;
- » menores custos de implantação, pelo fato de utilizar tubulação de diâmetro menor e mais barata em relação ao utilizado em sistemas unitários, justamente por não contar com vazões oriundas da coleta de águas pluviais;
- » reduzido tempo de implantação: por ter diâmetro menor, as tubulações utilizadas são fáceis de ser adquiridas e instaladas, podem ser implantadas na via ou no passeio e não há necessidade de pavimentação da via;

- » redução da extensão de tubulações de grande diâmetro, pois o esgoto coletado ao longo da rede pode ser encaminhado por uma significativa distância antes da necessidade de aumento em seu diâmetro em razão do acréscimo da vazão;
- » menor vazão de esgoto tratado, permitindo ETEs mais compactas;
- » maior concentração de impurezas no esgoto, auxiliando o tratamento biológico nas ETEs.

Quando se utilizam ambos os sistemas nas cidades (unitário e separador absoluto), considera-se **sistema misto**.

Os sistemas que utilizam rede de coleta de esgoto podem ser classificados em centralizados e descentralizados.

Os **sistemas centralizados** contam com coleta, transporte, tratamento e disposição final do esgoto em apenas uma ETE. Para esses sistemas, exige-se a implantação de grandes, interceptores e emissários, estações elevatórias, ETEs de maior porte e um corpo receptor compatível com a vazão e a carga residual de poluentes. A vantagem do sistema é a possibilidade de realizar obras conjuntas, reduzindo-se os custos de implantação *per capita* atendida. As desvantagens são o alto consumo de energia elétrica em elevatórias e sua manutenção, pois o esgoto precisa ser encaminhado até as estações, por meio de bombas hidráulicas. Esse consumo varia de acordo com a topografia e a vazão de esgoto.

Já os **sistemas descentralizados** utilizam pequenas estações, distribuídas estrategicamente ao longo do espaço geográfico. São recomendados para atender comunidades pequenas e isoladas, ou áreas urbanas com baixa densidade populacional, podendo ser implementados por etapas, principalmente, quando os recursos financeiros para esse fim são escassos. Em contrapartida aos baixos custos de investimento, a necessidade de operação e de monitoramento dos sistemas depois de instalados pode onerar em demasia o tratamento.

Independentemente do sistema empregado, o esgoto coletado em redes é encaminhado a uma ETE, onde passa por etapas de tratamento (processos unitários), as quais envolvem diferentes concepções e tecnologias. Por fim, o esgoto tratado segue a uma disposição final, que pode ser de cursos de água, de águas de reuso ou de solo.

4.2 Aspectos quantitativos das águas residuárias

Parte da água consumida com determinada finalidade retorna na forma de esgoto. Por isso, a quantidade de esgotos sanitários gerados reflete os padrões de consumo de água de uma parcela da população. A exemplo do discutido no capítulo anterior, a utilização desse recurso varia de acordo com as atividades humanas ao longo do dia e no decorrer do ano; logo, a geração de esgoto também sofre variações.

Assim, é necessário conhecer o consumo *per capita* e seus coeficientes de variação diária e horária (k1 e k2). A relação entre o consumo de água e a geração de esgoto sanitário caracteriza-se pelo coeficiente ou taxa de retorno de esgotos (TR). Na falta de dados específicos, é comum estabelecer que 80% da água distribuída retorna na forma de esgoto sanitário (ABNT, 1986). O restante perde-se por evaporação, infiltração no solo ou deriva do sistema coletor de águas pluviais.

As águas de infiltração também acrescentam parcela significativa à vazão em redes de coleta de esgoto sanitário. Segundo a NBR 9649/1986, existe aporte comum de vazões de águas de infiltração que variam de 0,05 a 1,0 L $s^{-1} \cdot km^{-1}$, sendo a taxa de menor valor (0,05 L $s^{-1} \cdot km^{-1}$) para redes novas e bem-construídas, e a taxa de maior valor (1,0 L $s^{-1} \cdot km^{-1}$) para redes com mais de 20 anos ou redes com deficiências construtivas (ABNT, 1986). A vazão de infiltração (Q_{inf}) é dada a seguir:

$$Q_{inf} = T_{inf} \cdot L$$

Em que:
Q_{inf} = vazão de infiltração (L $\cdot d^1$)
T_{inf} = taxa de infiltração (ente 0,05 e 1,0 L $s^{-1} \cdot km^{-1}$)
L = comprimento da rede (km)

As parcelas referentes ao esgoto industrial são específicas para cada situação, pois cada indústria tem um processo de geração de esgotos distinto, podendo sua vazão variar sensivelmente em questão de horas ou dias. Assim, calcula-se a vazão de esgotos (Q) pela seguinte fórmula:

$$Q = q \cdot N \cdot k1 \cdot k2 \cdot TR + Q_{inf} + Q_{ind}$$

Em que:
Q = vazão (L·d^{-1})
q = consumo *per capita* de água (L·hab^{-1}·d^{-1})
N = número de habitantes (hab)
k1 = coeficiente de variação máxima diária (adimensional)
k2 = coeficiente de variação máxima horária (adimensional)
TR = taxa de retorno de esgotos (adimensional)
Q_{inf} = vazão de infiltração (L·d^1)
Q_{ind} = vazão industrial (L·d^1)

As vazões de esgoto industrial também variam de acordo com a vocação de cada região em contar com mais ou menos empresas que lançam seus efluentes nas redes. Outro aspecto está relacionado às redes de coleta de esgoto que recebem efluentes industriais cujas características se assemelham ao esgoto sanitário, ou que tenham passado por processo de tratamento preliminar, a fim de conceder características aceitáveis de esgoto sanitário, permitindo seu lançamento.

Exercício resolvido

1. Considerando que determinada região tem aproximadamente 10.000 habitantes, com o consumo *per capita* de água em torno de 180 L·hab^{-1}·d^{-1}, calcule a vazão de esgotos, afluente a uma ETE, utilizando um coeficiente k1 = 1,2 e k2 = 1,5, e uma TR de 80%. Considere uma vazão industrial de esgotos de 80.000 L·d^{-1} e a rede de coleta de 16,5 km recém-construídos.

   Primeiramente, calcula-se a vazão de infiltração (Q_{inf}) partindo do pressuposto de que a rede é nova e bem-construída (T_{inf} = 1,0 L s^{-1}·km^{-1}).

   $$Q_{inf} = T_{inf} \cdot L = 0{,}05 \frac{L}{s\,km} \cdot 16{,}5\,km = 0{,}825 \frac{L}{s}$$

   Em seguida, adotam-se os valores referidos no enunciado do exercício, tomando o cuidado com as unidades:

$$Q = q \cdot N \cdot k1 \cdot k2 \cdot TR + Q_{inf} + Q_{ind}$$

$$Q = 180 \frac{L}{hab \cdot dia} \cdot 10.000 \text{ hab} \cdot 1,2 \cdot 1,5 \cdot 0,8 + 0,825 \frac{L}{s} + 80.000 \frac{L}{d}$$

$$Q = 2.592.000 \frac{L}{d} + 0,825 \frac{L}{s} \cdot 86.400 + 80.000 \frac{L}{d} =$$

$$= 2.592.000 \frac{L}{d} + 71.280 \frac{L}{d} + 80.000 \frac{L}{d}$$

$$Q = 2.743.280 \frac{L}{d} \div 1.000 = 2.743,28 \frac{m^3}{d}$$

Resposta: A vazão de esgotos da região é estimada em 2.743,28 $m^3 \cdot d^{-1}$.

Note que, para projetos de redes e ETEs, também é necessário calcular a população futura de projeto, conforme explicitamos no capítulo anterior sobre águas para abastecimento. É usual adotar para a vazão de projeto a taxa de 1,0 L $s^{-1} \cdot km^{-1}$ relativa às águas de infiltração, considerando-se o pior cenário.

4.3 Aspectos qualitativos do esgoto sanitário

De maneira geral, 99,9% dos esgotos sanitários é composto de água, porém, há contaminantes na parcela restante. Esses índices podem mudar de acordo com os usos e as atividades características de uma população, com a situação econômica ou com a variação de clima em um ano. Quanto maior o consumo de água, mais fraca é a concentração dos parâmetros. O acréscimo irregular das águas pluviais nos sistemas de coleta também pode alterar as concentrações no esgoto em períodos chuvosos. Essas variações podem ser apresentadas como forte, média ou fraca, conforme evidencia a Tabela 4.1, a seguir.

Tabela 4.1 – Composição típica do esgoto sanitário

Componentes	Concentração (mg·L^{-1})		
	Forte	Média	Fraca
Sólidos totais (mg·L^{-1})	1.230	720	390
Sólidos dissolvidos totais (mg·L^{-1})	860	500	270
Sólidos dissolvidos fixos (mg·L^{-1})	520	300	160
Sólidos suspensos fixos (mg·L^{-1})	85	50	25
Sólidos sedimentáveis (mL·L^{-1})	20	10	5
Demanda bioquímica de oxigênio (mg·L^{-1})	350	190	110
Demanda química de oxigênio (mg·L^{-1})	800	430	250
Nitrogênio total (mg·L^{-1})	70	40	20
Nitrogênio orgânico (mg·L^{-1})	25	15	8
Nitrogênio amoniacal (mg·L^{-1})	45	25	12
Nitrogênio nitrato (mg·L^{-1})	0	0	0
Nitrogênio nitrito (mg·L^{-1})	0	0	0
Fósforo total (mg·L^{-1})	12	7	4
Fósforo orgânico (mg·L^{-1})	4	2	1
Fósforo inorgânico (mg·L^{-1})	8	5	3
Alcalinidade (mg·$CaCO_3$·L^{-1})	200	100	50
Óleos e graxos (mg·L^{-1})	100	90	50
Sulfatos (mg·L^{-1})	50	30	20

Fonte: Tchobanoglous; Burtuon; Stensel, 2003, p. 18-19, tradução nossa.

A função de um sistema de tratamento de esgotos é retirar o máximo possível dos contaminantes da água. Cada tecnologia empregada com esse intuito tem uma eficiência limitada para cada um dos parâmetros descritos na Tabela 4.2; a depender do objetivo da remoção desses parâmetros, essas tecnologias podem ser utilizadas de forma complementar umas às outras, a fim de aumentar a eficiência dessa remoção. Portanto, uma ETE tem uma eficiência para cada um dos processos unitários empregados, os quais podem ser totalizados. Assim sendo, entende-se como eficiência (E) a porcentagem de remoção de determinado parâmetro do esgoto, que é calculado pela fórmula a seguir:

$$E = \frac{C_a - C_e}{C_a} \cdot 100$$

Em que:
E = eficiência de remoção (%)
C_a = concentração afluente a ETE (mg·L^{-1})
C_e = concentração efluente a ETE (mg·L^{-1})

Confira a aplicação prática dessa fórmula no exercício resolvido que segue.

Exercício resolvido

1. Calcule a eficiência de uma ETE cuja concentração afluente de demanda bioquímica de oxigênio (DBO) seja de 300 mg L^{-1} e a concentração efluente de DBO seja 50 mg·L^{-1}.

$$E = \frac{C_a - C_e}{C_a} \cdot 100 = \frac{300\frac{mg}{L} - 50\frac{mg}{L}}{300\frac{mg}{L}} \cdot 100 =$$

$$= \frac{250\frac{mg}{L}}{300\frac{mg}{L}} \cdot 100 \cong 0{,}833 \cdot 100$$

$$E = 83{,}3\%$$

Para o lançamento do esgoto tratado em cursos de água como disposição final, uma série de condições devem ser atendidas quanto à composição do esgoto tratado efluente. Para tanto, devem ser respeitadas duas condições: (1) as exigências de lançamento segundo as Resoluções Conama n. 357, de 17 de março de 2005 (Brasil, 2005b) e n. 430, de 13 de maio de 2011 (2011c), as quais limitam a concentração de certos parâmetros no lançamento e em conformidade com a classe do rio receptor; e (2) os padrões de emissão estabelecidos pelos órgãos estaduais de meio ambiente. Alguns padrões de lançamento podem ser verificados na Tabela 4.2, a seguir, considerando-se a demanda bioquímica de oxigênio (DBO), a demanda química de oxigênio (DQO) e os sólidos suspensos totais (SST), o nitrogênio (N), o fósforo (P) e os coliformes fecais (CF), conforme nomenclatura utilizada pelos autores da tabela.

Tabela 4.2 – Legislações nacionais de padrões de lançamento de efluentes sanitários

Estado	Lei	Concentrações exigidas nos efluentes						Eficiência (%)	
		DQO (mg·L⁻¹)	DBO (mg·L⁻¹)	SST (mg·L⁻¹)	N (mg·L⁻¹)	P (mg·L⁻¹)	CF (NMP/100 ml)	DBO	SST
RJ	Norma Técnica FEEMA NT 202. R10 e Diretriz FEEMA DZ 215. R3	-	180 (C ≤ 5)⁽¹⁾ 100 (5 < C ≤ 25) 60 (25 < C ≤ 80) 40 (C > 80)	180 (C ≤ 5)⁽¹⁾ 100 (5 < C ≤ 25) 60 (25 < C ≤ 80) 40 (C > 80)	5⁽²⁾ 10⁽³⁾	1⁽³⁾	-	30 (C ≤ 5)⁽¹⁾ 60 (5 < C ≤ 25) 80 (25 < C ≤ 80) 85 (C > 80)	-
MG	Deliberação Normativa COPAM 010 de 16/12/1986	90	60	60⁽⁴⁾ 100⁽⁵⁾	5⁽²⁾	-	-	60	-
SP	Resolução CEPRAM 2.288 de 28/04/2000	200	-	-	-	-	-	80	-
ES	COMDEMA 02/1991 (Legislação do Município de Vitória)	200	-	100	-	-	-	90	-
RS	Portaria 05/89 SSMA de 16/03/1989	360 (Q ≤ 200)⁽⁶⁾ 240 (5 < Q ≤ 1.000) 200 (25 < Q ≤ 2.000) 160 (25 < Q ≤ 10.000) 100 (Q > 10.000)	120 (Q ≤ 200)⁽⁶⁾ 80 (5 < Q ≤ 1.000) 60 (25 < Q ≤ 2.000) 40 (25 < Q ≤ 10.000) 20 (Q ≥ 10.000)	120 (Q ≤ 200)⁽⁶⁾ 80 (5 < Q ≤ 1.000) 70 (25 < Q ≤ 2.000) 50 (25 < Q ≤ 10.000) 40 (Q > 10.000)	10	1	300	-	-
SC	Decreto Estadual 14.250 de 05/06/1981	-	60	-	10***	1**	-	80	-

(continua)

Estado	Lei	Concentrações exigidas nos efluentes						Eficiência (%)	
		DQO (mg·L⁻¹)	DBO (mg·L⁻¹)	SST (mg·L⁻¹)	N (mg·L⁻¹)	P (mg·L⁻¹)	CF (NMP/100 ml)	DBO	SST
PR	Resolução 001/07 SEMA de 23/01/2007	225	90	-	20	-	-	-	-
CE	Portaria n. 154 de 22/07/2002	200	-	50	$5^{(2)}$	-	5000	-	-
PB	NT 301 de 24/02/1988	-	60	-	10	1^{**}	-	80	-
AL	Decreto Estadual 6.200 de 01/03/1985	150	60	-	$0,5^{(2)}$	-	-	-	-
BA	Resolução CEPRAM 2.288 de 28/04/2000	-	-	-	-	-	10^6	$80\text{-}95^{(7)}$	$70\text{-}90^{(7)}$
PE	Normas Técnicas CPRH 2002 e CPRH 2007	$360\ (C \leqslant 2)^{(1)}$ $160\ (2 < C \leqslant 6)$ $120\ (6 < C \leqslant 50)$ $60\ (C > 50)$	$180\ (C \leqslant 2)^{(1)}$ $80\ (2 < C \leqslant 6)$ $60\ (6 < C \leqslant 50)$ $30\ (C > 50)$	-	-	-	$^{(3)}$ De 10^6 a 10^4	$40\ (C \leqslant 2)^{(1)}$ $70\ (2 < C \leqslant 6)$ $80\ (6 < C \leqslant 50)$ $90\ (C > 50)$	-
MS	Deliberação CECA/MS 003 de 20/06/1997	-	$60^{(9)}$	-	$5^{(2)}$	-	-	-	-
GO	Decreto Estadual 1.745 de 06/12/1979	-	60	-	-	-	-	80	-

(continua)

(Tabela 4.2 – conclusão)

Estado	Lei	Concentrações exigidas nos efluentes							Eficiência (%)	
		DQO (mg·L^{-1})	DBO (mg·L^{-1})	SST (mg·L^{-1})	N (mg·L^{-1})	P (mg·L^{-1})	CF (NMP/100 ml)	DBO	SST
RO	Decreto Estadual 7.903 de 02/07/1997	-	-	-	5	-	-	-	-
BRASIL	CONAMA 357/2005	-	-	-	20[(2)]	-	-	-	-

Observação: O efluente não deverá causar prejuízos ao corpo receptor
(1) Variável de acordo com a carga orgânica diária bruta (kgDBO · dia^{-1})
(2) Nitrogênio amoniacal
(3) Lançamentos em corpos hídricos contribuintes de lagoas ou estuários
(4) Valor máximo diário
(5) Média aritmética mensal
(6) Variável de acordo com a vazão diária de lançamento (m^3 · dia^{-1})
(7) Variável de acordo com o padrão socioeconômico do empreendimento imobiliário
(8) Variável de acordo com classes de enquadramento do corpo d'água receptor
(9) Valores superiores poderão ser tolerados desde que o padrão de qualidade da classe do corpo d'água receptor seja respeitado.

Fonte: Verol; Volschan Junior, 2007, p. 5.

Como observado na Tabela 4.2, alguns parâmetros de lançamento são condicionados à carga poluidora diária, que é dada pela seguinte fórmula:

$$Cp = Q \cdot C$$

Em que:
Cp = carga poluidora, ou carga orgânica, caso o parâmetro de referência seja a DBO (kg d^{-1})
Q = vazão (L d^{-1})
C = concentração (kg L^{-1})

A carga poluidora (Cp) é a relação entre a concentração de determinado parâmetro em um líquido e sua vazão. Geralmente, o parâmetro de referência é a demanda bioquímica de oxigênio (DBO), sendo assim denominada *carga orgânica*.

Exercício resolvido

1. Calcule a eficiência de remoção de DBO no estado do Rio de Janeiro para que um efluente possa ser lançado em corpo receptor, em razão de seu padrão de lançamento, em cuja vazão efluente a ETE seja de 100 m$^3 \cdot$ d^{-1} e a DBO afluente de 300 mg$\cdot$L^{-1}.

    Primeiramente, calcula-se a carga orgânica afluente (bruta):

$$C_p = Q \cdot C = 100 \frac{m^3}{d} \cdot 300 \frac{mg}{L} = 100 \frac{m^3}{d} \cdot 300.000 \frac{mg}{m^3} = 30.000.000 \frac{mg}{d}$$

$$C_p = 30 \frac{Kg}{d}$$

Portanto, para o estado do Rio de Janeiro, a DBO, cuja carga seja entre 25 < C ≤ 80 kg$\cdot$d^{-1}, o exigido para o lançamento é de 60 mg$\cdot$L^{-1}. Calculando a eficiência necessária, obtém-se:

$$E = \frac{C_a - C_e}{C_a} \cdot 100 = \frac{300 \frac{mg}{L} - 60 \frac{mg}{L}}{300 \frac{mg}{L}} \cdot 100 = \frac{240 \frac{mg}{L}}{300 \frac{mg}{L}} \cdot 100 = 0,8 \cdot 100$$

$$E = 80\%$$

Resposta: A eficiência da remoção de DBO foi de 80%.

4.4 Sistemas individuais de tratamento de esgotos

Sistemas individuais de tratamento de esgoto devem ser utilizados em locais que não tenham sido contemplados com rede de coleta. Entre os sistemas individuais, os **tanques sépticos**, usados mundialmente, são uma alternativa eficiente, de operação simples, compacta e econômica.

Os tanques sépticos, ou *decanto-digestores*, são unidades de tratamento primário, físico e biológico que detêm o esgoto sanitário por um período que permita a decantação dos sólidos e a retenção do material graxo, transformando-os em compostos estáveis. A eficiência dessas unidades de tratamento varia de 30% a 50%. Tais unidades são válidas apenas para pequenas vazões ou áreas de grande adensamento e desprovidas de rede coletora. Os tanques sépticos promovem simultaneamente processos de sedimentação, digestão e armazenamento da matéria orgânica.

Existem tipologias e configurações diferentes de tanques sépticos. Aqueles que são totalmente estanques são chamados de *tanques sépticos propriamente ditos*; estes podem ter uma ou mais câmaras de digestão e dispor (ou não) de uma câmara de sedimentação. Independentemente da tipologia, o esgoto bruto é conduzido à parte superior do tanque séptico, podendo ser auxiliado ou não por uma placa deflectora, ocorrendo a sedimentação do lodo que se acumula na parte inferior. O esgoto sai pelo canto oposto e, preferencialmente, deve ser encaminhado a um tratamento complementar. Uma representação de um tanque séptico pode ser visualizada na Figura 4.3, a seguir.

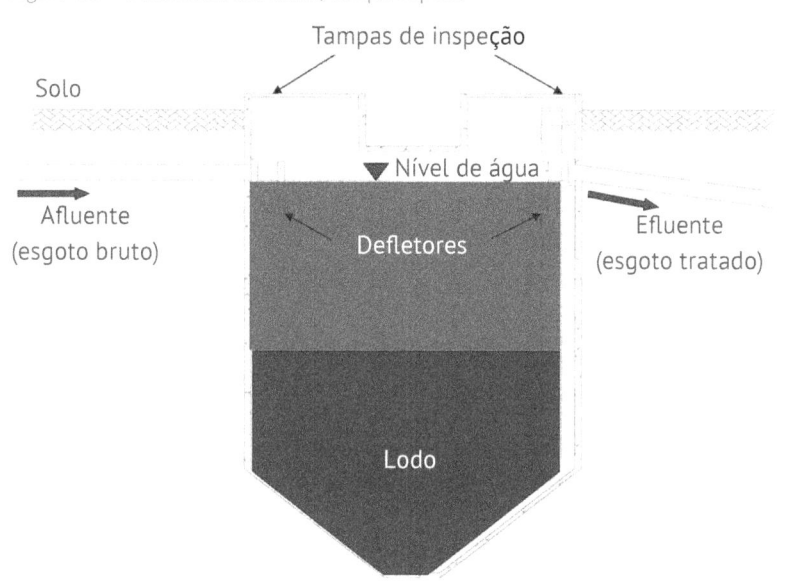

Figura 4.3 – Tratamento individual, tanque séptico

[Figura: diagrama de tanque séptico mostrando Solo, Tampas de inspeção, Nível de água, Afluente (esgoto bruto), Defletores, Efluente (esgoto tratado) e Lodo]

Pode ocorrer na parte superior do tanque o acúmulo de escuma, a qual é constituída por gorduras e alguns sólidos particulados de baixa densidade. O material sedimentado de origem orgânica é digerido por microrganismos anaeróbios, gerando biogás – que tende a sair solubilizado no efluente por respiros previamente instalados – e lodo mineralizado – que permanece no tanque até sua remoção. Como a alimentação é contínua, o lodo mineralizado mistura-se ao lodo em digestão e passa a acumular-se nos tanques sépticos, sendo necessária sua remoção periódica, pois, de outra forma, diminui o volume útil do tanque, minimizando sua eficiência.

No Brasil, o dimensionamento dos tanques sépticos é regulado pela NBR 7229/1993 (ABNT, 1993). Essa norma fornece diretrizes para a concepção de tanques sépticos de câmara única, cujo tempo de detenção hidráulico (TDH) é de 24 horas para vazões até 6.000 $L \cdot d^{-1}$, diminuindo gradativamente até chegar a um TDH de 12 horas, para vazões de 14.000 $L \cdot d^{-1}$ ou superiores. O volume útil mínimo é de 1.250 L. Não há necessidade de inocular o tanque, pois os microrganismos já estão presentes no esgoto sanitário afluente do sistema.

Os tanques sépticos podem ser pré-fabricados em fibra de vidro ou concreto, ou construídos no local com blocos cerâmicos e cimento. Normalmente são instalados abaixo do solo, onde seus efluentes conseguem ser infiltrados e encaminhados para águas de drenagem, ou dispersos superficialmente, após um tratamento complementar, geralmente realizado por filtros biológicos.

São comumente chamadas de *fossas sépticas* as estruturas similares aos tanques sépticos, porém sua utilização não é adequada em razão da permeabilidade do esgoto no solo, podendo contaminar as águas subterrâneas do lençol freático. Segundo a NBR 7229 (ABNT, 1993), o volume (V_t) do tanque séptico de câmara única é determinado pela seguinte equação:

$$V_t = 1.000 + N \cdot (C \cdot t + k \cdot L_f)$$

Em que:
V_t = volume do tanque séptico (L)
N = número de contribuintes (hab)
C = contribuição unitária de esgotos (L·hab^{-1}·d^{-1})
t = período de detenção (dias)
k = coeficiente típico de acumulação de lodo (dias)
L_f = contribuição unitária de lodo fresco (L·hab^{-1}·d^{-1})

Os valores correspondentes às contribuições de esgoto e de lodo fresco estão dispostos na Tabela 4.3, a seguir.

Tabela 4.3 – Contribuição de esgoto (C) e de lodo fresco (L_f) por tipo de edificação e de ocupante em L d^{-1}

Prédio	Unidade	Contribuição de esgotos (C)	Lodo fresco (L_f)
Ocupantes permanentes			
Residência			
Padrão alto	Pessoa	160	1
Padrão médio	Pessoa	130	1
Padrão baixo	Pessoa	100	1
Hotel (exceto lavanderia e cozinha)	Pessoa	100	1

(continua)

(Tabela 4.3 - conclusão)

Prédio	Unidade	Contribuição de esgotos (C)	Lodo fresco (L_f)
Ocupantes permanentes			
Alojamento provisório	Pessoa	80	1
Ocupantes temporários			
Fábrica em geral	Pessoa	70	0,30
Escritório	Pessoa	50	0,20
Edifícios públicos ou comerciais	Pessoa	50	0,20
Escolas (externatos) e locais de longa permanência	Pessoa	50	0,20
Bares	Pessoa	6	0,10
Restaurantes e similares	Refeição	25	0,10
Cinemas, teatros, locais de curta permanência	Lugar	2	0,02
Sanitários públicos (apenas de acesso aberto ao público (estação rodoviária, ferroviária, logradouro público, estádio esportivo etc.)	Bacia sanitária	480	4,0

Fonte: ABNT, 1993, p. 4.

Já o tempo de detenção e coeficiente de acumulação de lodo é dado pelas Tabelas 4.4 e 4.5, respectivamente.

Tabela 4.4 – Período de detenção dos despejos, por faixa de contribuição diária

Contribuição diária (L)	Tempo de detenção (dias)	Tempo de detenção (horas)
Até 1.500	1,00	24
De 1.501 a 3.000	0,92	22
De 3.001 a 4.500	0,83	20
De 4.501 a 6.000	0,75	18
De 6.001 a 7.500	0,67	16
De 7.501 a 9.000	0,58	14
Mais que 9.000	0,50	12

Fonte: ABNT, 1993, p. 5.

Na Tabela 4.5, é possível observar a taxa de acumulação do lodo em dias, por intervalo entre as limpezas e levando em consideração a temperatura do mês mais frio.

Tabela 4.5 – Taxa de acumulação total de lodo (K)

Intervalo de limpeza (anos)	Valores de K por faixa de temperatura ambiente (T), em °C		
	≤ t 10	10 ≤ t ≤ 20	t >20
1	94	65	57
2	134	105	97
3	174	145	137
4	214	185	177
5	254	225	217

Fonte: ABNT, 1993, p. 5.

O efluente líquido gerado pelo tanque séptico pode receber um tratamento complementar. Um dos mais comuns é o uso de filtros anaeróbios, os quais podem ser dimensionados segundo a normativa NBR 13969/1997 (ABNT, 1997). O dimensionamento de seu volume (V_f) é dado pela equação a seguir:

$$V_f = 1{,}6 \cdot N \cdot T \cdot C$$

Em que:
V_f = volume do filtro anaeróbio (L)
N = número de contribuintes (hab)
T = período de detenção (dias)
C = contribuição unitária de esgotos (L·hab^{-1}·d^{-1})

Para a contribuição de esgotos, utilizam-se os mesmos valores encontrados na Tabela 4.3, aplicada a tanques sépticos, mas, para o tempo de detenção, adota-se a Tabela 4.6, a seguir.

Tabela 4.6 – Tempo de detenção hidráulica de esgotos (t), por faixa de vazão e temperatura do esgoto em dias

Vazão L/dia	Temperatura média do mês mais frio		
	Abaixo de 15 °C	Entre 15 °C e 25 °C	Acima de 25 °C
Até 1.500	1,17	1,0	0,92
De 1.501 a 3.000	1,08	0,92	0,83
De 3.001 a 4.500	1,00	0,83	0,75
De 4.501 a 6.000	0,92	0,75	0,67
De 6.001 a 7.500	0,83	0,67	0,58
De 7.501 a 9.000	0,75	0,58	0,50
Mais que 9.000	0,75	0,50	0,50

Fonte: ABNT, 1997.

Os filtros anaeróbios consistem em um tanque preenchido com um material inerte (pedra brita, cepilhos de madeira, material cerâmico, conchas do mar e, atualmente, enchimento plástico). Nesse material inerte desenvolvem-se e fixam-se os microrganismos (meio filtrante) responsáveis pelo tratamento biológico do efluente do tanque séptico.

Curiosidade

Há várias empresas que fabricam e constroem sistemas individuais de tratamento, entre eles tanques sépticos. Faça três orçamentos com revendedores locais, indicando o número de residentes de sua casa. Verifique o volume dos tanques ofertados. Depois realize o cálculo do volume do tanque necessário para atender a sua residência e compare os valores. Será que estão tentando vender-lhe gato por lebre?

Como a maioria dos poluentes sedimentáveis é retirada no tratamento com o tanque séptico, os microrganismos fazem a remoção da parte dissolvida ainda presente no efluente.

Exercício resolvido

1. Calcule o volume de um tanque séptico, com um intervalo de limpeza de um ano, e de um filtro anaeróbio para um sistema de tratamento individual de um condomínio residencial que não tenha rede coletora de esgotos sanitários, sabendo que o condomínio é de médio padrão, tem 90 habitantes e está situado no município de Campinas/SP.

    Primeiramente, calcula-se a vazão da contribuição de esgotos, buscando na Tabela 4.3 a contribuição sugerida:

    $Q = C \cdot N$

    Sendo $C = 130 \; L \cdot hab^{-1} \cdot d^{-1}$ e o número de habitantes 90, então:

    $$Q = 130 \frac{L}{hab \cdot d} \cdot 90 \, hab = 11.700 \frac{L}{d}$$

    Depois, calcula-se o volume do tanque séptico identificando nas Tabelas 4.4 e 4.5 os valores de tempo de detenção, o coeficiente de acumulação de lodo e da contribuição de lodo fresco. Para isso, também se busca a temperatura média dos meses mais frios da cidade de Campinas/SP, que é de 15 °C.

    $V_t = 1.000 + N \cdot (C \cdot T + K \cdot L_f)$

    Sendo $T = 0,5 \, d$, $K = 65 \, d$ e $L_f = 1 \; L \cdot hab^{-1} \cdot d^{-1}$, tem-se:

    $V_t = 1.000 + 90 \cdot (130 \cdot 0,5 + 65 \cdot 1) = 1.000 + (65 \cdot 65)$
    $V_t = 1.000 + 4.225 = 5.225 \, L \cong 5,23 \, m^3$

    No caso do filtro anaeróbio, adotam-se a vazão de contribuição de esgotos já encontrada e o tempo de detenção expresso na Tabela 4.6:

    $V_f = 1,6 \cdot N \cdot T \cdot C = 1,6 \cdot 90 \cdot 0,5 \cdot 130$
    $V_f = 9.360 \, L \cong 9,36 \, m^3$

    Resposta: O volume útil do tanque séptico é de 5,24 m³, e do filtro biológico, de 9,36 m³.

Para os sistemas coletivos, é necessária uma rede de coleta de esgotos, a qual é composta por tubulações que direcionam o esgoto de cada um dos pontos de geração até as ETEs. Estas podem ser pequenas e descentralizadas; ou de grande porte, quando o tratamento é centralizado.

Geralmente, a rede de esgotos funciona por gravidade, sendo a única exceção o período em que trabalha por sistema de vácuo. É construída sob as vias públicas, como ruas, avenidas e calçadas, que podem ser do tipo simples, quando só há uma tubulação coletora na via, ou dupla, quando há tubulações em ambos os lados das vias.

O tamanho das redes aumenta na mesma proporção do acréscimo da vazão e da tipologia do uso da tubulação. Partindo do ponto gerador, há a ligação predial, que recolhe o esgoto gerado nas diversas partes da edificação e o conduz até a divisa do terreno, onde é conectada à rede de coleta propriamente dita. Esse aparato continua o trajeto pelas vias, recolhendo o esgoto em cada uma das ligações prediais até a convergência em tubulações de maior diâmetro, que não permitem uma ligação direta com as edificações, denominadas *coletores-tronco*.

Como o fluxo de esgoto segue por gravidade, o líquido é direcionado para os pontos mais baixos do terreno – os talvegues dos rios. Para receber o esgoto reunido pelos coletores-tronco, é construída uma tubulação de maior diâmetro, chamada de *interceptor*, que coleta o esgoto que segue por gravidade antes de chegar aos rios. São instalados em um ou em ambos os lados dos rios. Na primeira hipótese, as tubulações de esgoto de uma margem devem ser levadas à outra margem para conectar-se ao interceptor. Quando a tubulação não mais recebe ligações, o esgoto é transportado até as ETEs por meio de uma grande tubulação denominada *emissário*. Na Figura 4.4, é esquematizado um sistema coletivo de recolhimento de esgotos.

Figura 4.4 – Sistema coletivo de recolhimento de esgotos sanitários

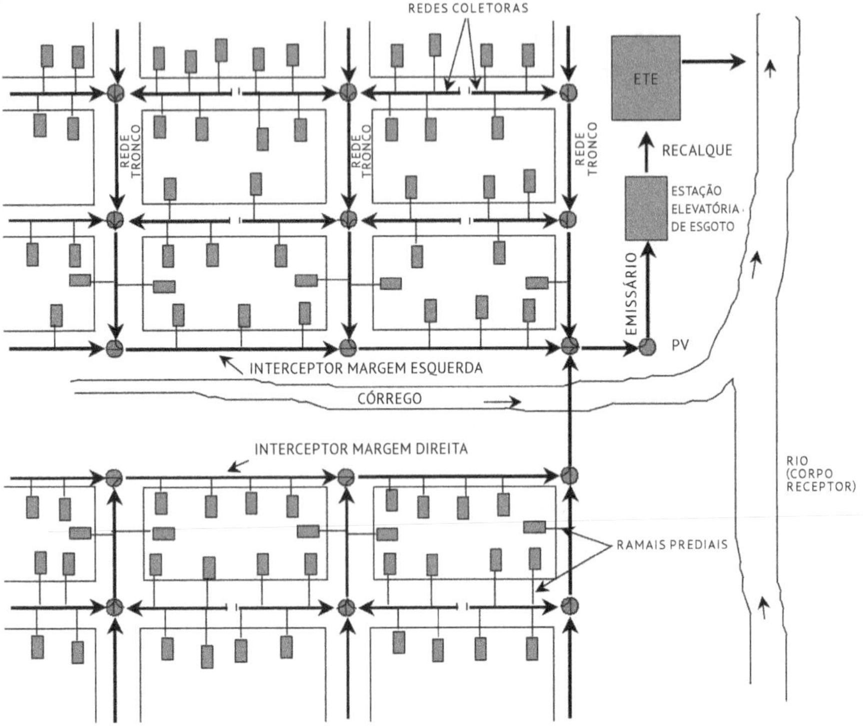

Fonte: Brasil, 2006, p. 187

Outros dois tipos de dispositivos são instalados nas redes de coleta. O primeiro deles refere-se aos **poços de visita** – construções que permitem a manutenção da rede de coleta que são instaladas nos inícios das redes, quando existem cruzamentos, junções ou mudança de sentido das tubulações, ou a cada 100 metros. Os poços de visita são construídos de modo a possibilitar o acesso de uma pessoa munida de equipamentos para a desobstrução e outros serviços de manutenção. O segundo dispositivo são as **estações elevatórias**. Trata-se de locais dotados de bombas hidráulicas que permitem o recalque do esgoto quando há a necessidade de vencer a topografia do local, quando a rede se encontra em nível mais baixo do que a rede coletora ou quando existe a necessidade de transposição de bacia hidrográfica ou de transpassar rios e córregos.

4.4.1 Estações de tratamento de esgotos (ETEs)

As ETEs apresentam diferentes configurações de acordo com a tecnologia empregada e o nível de eficiência desejado. De modo geral, todas elas têm um **tratamento preliminar**, também chamado de *pré-tratamento*, que acondiciona o esgoto ao passar pelos tratamentos propriamente ditos.

Esse processo é realizado com o objetivo de retirar dos esgotos os sólidos grosseiros, ou seja, partículas indesejáveis como plástico e tecidos, materiais de grandes dimensões, materiais inertes de fácil sedimentação como areia e pedras, entre outros. Esses materiais não fazem parte do esgoto sanitário, porém acabam entrando na rede de coleta por disposição inadequada de resíduos pelos usuários, ou carreados por interações da tubulação de esgotos com o solo. Caso esses materiais sigam para o tratamento, podem danificar bombas hidráulicas, obstruir a tubulação e conferir características indesejadas ao lodo produzido se este for utilizado para fins mais importantes, como fertilização em lavouras. Outro propósito do tratamento preliminar é possibilitar o emprego de dispositivos que contabilizem a vazão afluente a fim de controlar as operações do sistema de tratamento. O tratamento preliminar é formado por: gradeamento, desarenação e medição de vazão.

O **gradeamento** consiste em retirar os sólidos grosseiros por meio físico, forçando o esgoto a passar por grades com espaçamentos entre 5 e 10 cm. Podem ser únicas ou sequenciais, com limpeza manual ou mecanizada. Para grades em sequência, é comum utilizar dispositivos com espaçamento maior na primeira grade e ir diminuindo nas grades subsequentes. Ultimamente, verifica-se a tendência de diminuir o espaçamento das grades para 2,5 cm, a fim de aumentar a eficiência da remoção de sólidos grosseiros. Um exemplo de gradeamento pode ser observado na Figura 4.5, a seguir.

Figura 4.5 – Gradeamento mecanizado a direita e manual a esquerda – ETE Padilha Sul, Companhia de Saneamento do Paraná (Sanepar), Curitiba/PR

O **desarenador** é um tanque de sedimentação com um tempo de detenção entre 20 e 30 min, o suficiente para remover partículas com densidade alta como areia, plásticos, partes metálicas, material com celulose como cascas e sementes de plantas. Na Figura 4.6 pode ser observado um desarenador.

Figura 4.6 – Desarenador – ETE Atuba Sul, Sanepar, Curitiba/PR

A **medição de vazão** geralmente é realizada por uma calha Parshall, citada no capítulo anterior, sobre tratamento de água. Aproveita-se a calha

para adequar o esgoto com a inserção de produtos químicos como cal para a alcalinização do esgoto quando necessário.

Na Figura 4.7, apresentamos a disposição do tratamento preliminar contendo o gradeamento, o desarenador e a medição de vazão.

Figura 4.7 – Tratamento preliminar em planta

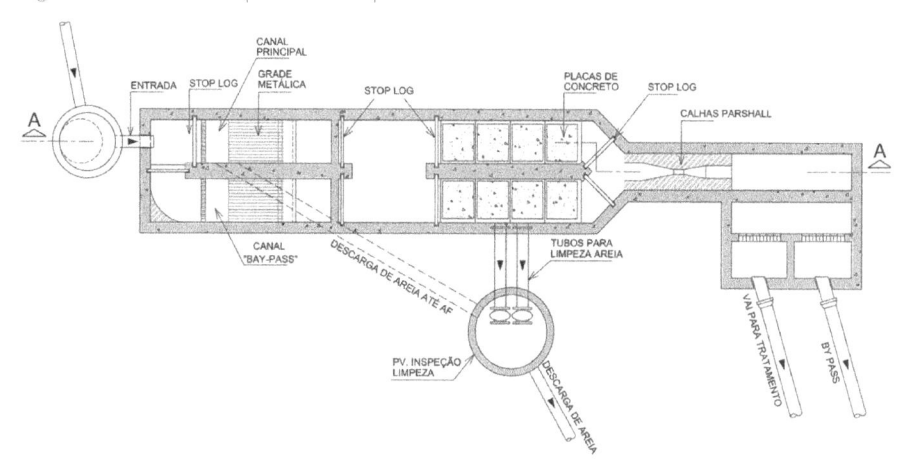

Fonte: Brasil, 2015, p. 247.

De acordo com a configuração da ETE, na sequência, empreende-se o **tratamento primário**, que consiste na retirada de materiais sedimentáveis por meio físico ou físico-químico. O esgoto é encaminhado a um tanque de sedimentação, com tempo de detenção de 1 a 2 horas, dependendo das características do esgoto. Nessa etapa, os sólidos ali presentes sedimentam-se e segregam-se do esgoto pelo fundo do tanque, caracterizando a formação do lodo. Pode-se utilizar produtos químicos auxiliares à sedimentação, a exemplo do estudado no capítulo sobre o tratamento de água.

Outro equipamento quimicamente assistido é o flotador. Em vez de permitir que os sólidos em suspensão sedimentem, essa ferramenta os força a seguirem em direção à superfície do equipamento com o auxílio de difusores de ar dissolvido no fundo do tanque. Muitas vezes, são auxiliados também pelo uso de produtos químicos, a fim de coagular e flocular os sólidos. O lodo flotado é retirado da superfície com o auxílio de raspadores mecanizados. O lodo retirado por esses processos não é considerado estabilizado, pois apresenta uma grande quantidade de matéria orgânica a ser degradada biologicamente, sendo necessário o uso de biodigestores para a fermentação dessa matéria orgânica. A Figura 4.8 exemplifica a utilização de um flotador.

Figura 4.8 – Flotador por ar dissolvido – ETE Atuba Sul, Sanepar, Curitiba/PR

O **tratamento secundário** consiste em utilizar microrganismos degradadores da matéria orgânica para reduzir a quantidade de sólidos suspensos e dissolvidos presentes no esgoto. Esses microrganismos podem ser aeróbios (que necessitam de oxigênio para realizar suas funções metabólicas) ou anaeróbios (os quais degradam a matéria orgânica a sem a presença de oxigênio). Em geral, a degradação da matéria orgânica ocorre na formação de gases resultantes das funções metabólicas dos microrganismos (dióxido de carbono – CO_2 – no caso das aeróbias, e metano – CH_4 – no caso das anaeróbias) e na formação celular dos microrganismos.

Durante a formação celular, os microrganismos adquirem massa, ficam mais densos, e sua sedimentação é facilitada. Em resumo, o tratamento secundário consiste em transformar a matéria orgânica presente no esgoto em massa celular (microrganismos). Esta tem densidade mais alta, o que permite os processos de sedimentação. Existem diversas tecnologias para o tratamento secundário. Apresentaremos, aqui, algumas das mais utilizadas.

Curiosidade

Não discutimos, nesta obra, as tecnologias que realizam o tratamento terciário, que consiste essencialmente em melhorar o tratamento de esgoto, principalmente na remoção de nutrientes (nitrogênio e fósforo). Faça uma pesquisa sobre essas tecnologias ou processos e amplie seu conhecimento.

4.4.2 Reatores UASB

Os reatores UASB (*upflow anaerobic sludge blanket*, ou reator anaeróbio em manta de lodo de fluxo ascendente) são uma das principais tecnologias anaeróbias, especialmente entre as aplicadas no tratamento de águas residuárias. Quando associados a outros processos, tendem a ter sua eficiência aumentada, gerando subprodutos complementares. Inicialmente desenvolvidos para o tratamento de efluentes industriais, os reatores UASB apresentam-se em formatos cilíndricos ou prismático-retangulares, tendo as áreas destinadas para a digestão e a sedimentação do lodo. Esses reatores visam segregar gases, sólidos e líquidos presentes no processo de tratamento de esgotos.

No Brasil, são também conhecidos com as siglas DAFA (digestor anaeróbio de fluxo ascendente) ou RAFA (reator anaeróbio de fluxo ascendente). Uma variável do reator UASB, denominado *reator anaeróbio de lodo fluidizado* (RALF), foi desenvolvido pela Companhia de Saneamento do Paraná (Sanepar) após algumas inovações construtivas. O reator UASB assemelha-se a um tanque séptico do tipo Imhoff, ou câmara sobreposta, pois o sistema utiliza (1) uma unidade em seu interior pela qual se processam os fenômenos de digestão anaeróbia do substrato orgânico, e (2) uma unidade que auxilia na sedimentação do lodo.

O esgoto entra no reator pela parte inferior da maneira mais uniforme possível, permeando pelo lodo, que é mantido em suspensão pela ação hidráulica ascendente; isso auxilia na remoção da matéria orgânica dissolvida. O líquido sobrenadante clarificado é retirado pela parte superior do reator. Entre a entrada e a saída do líquido do sistema, ocorrem os processos físicos de sedimentação e os processos bioquímicos de digestão da matéria orgânica. O lodo distribui-se de forma heterogênea ao longo do reator; sua parte mais densa e de boa sedimentação fica na parte inferior do reator (leito de lodo), e as partículas mais leves, na parte superior (manta de lodo). Nessa região, ocorrem as conversões bioquímicas inerentes ao processo anaeróbio após a aderência do lodo sobre a massa de microrganismos; ali os produtos orgânicos mais complexos são convertidos sucessivamente ao lodo biológico e ao subproduto formado pelos gases da digestão anaeróbia.

A parte superior do reator é subdividida em três partes distintas formadas por uma estrutura denominada *separador trifásico*. As partes são separadas por zonas, a saber: zona de digestão, já mencionada; zona de sedimentação e zona dos desprendimentos dos gases. Sem o separador trifásico, as partículas mais leves seriam carreadas pelos gases resultantes da digestão e haveria perdas de lodo biológico para o efluente, reduzindo a eficiência do reator.

O fluxo hidráulico ascensional alcança o separador trifásico com uma mistura de esgoto tratado, gases dissociados em formas de bolhas e partículas leves de lodo, a qual é levada à parte superior do reator. Na zona de sedimentação, há um aumento da área seccional, de baixa turbulência, promovendo uma diminuição da velocidade ascensional e, consequentemente, da ocorrência da sedimentação do lodo biológico. No caso dos gases, o separador trifásico conta com anteparo para alterar o sentido vertical ascensional do fluxo hidráulico, proporcionando uma separação dos gases e permitindo que os sólidos transportados pela ascensão das bolhas percam velocidade e também sedimentem. Essa estrutura interna do separador trifásico é denominada *defletor*. Os gases desprendem-se da fase líquida na interface líquido/atmosfera, podendo ser canalizados a um tratamento ou ao seu aproveitamento energético. Algumas partículas podem ser deslocadas até a interface, porém, após a dissociação das bolhas de gás do meio líquido, o sólido tende a se sedimentar e retornar ao processo de digestão.

Outra particularidade do reator UASB é a possibilidade de utilizar altas taxas de carga orgânica para seu funcionamento, ou seja, conferir ao reator baixo TDH. Como o lodo é compelido a permanecer no reator, o UASB adquire uma alta duração na retenção de sólidos e, consequentemente, na digestão da matéria orgânica. Isso permite, ao mesmo tempo, uma estabilidade maior do lodo produzido e uma diminuição do desse volume, somada a um baixo crescimento celular, próprio do tratamento anaeróbio. Independentemente dessa baixa produção, o lodo gerado deve ser, em parte, oriundo de seu volume removido de forma periódica. Esse procedimento permite que o lodo de excesso e o líquido sobrenadante não venham a ser expelidos conjuntamente, diminuindo a eficiência. O efluente final tratado pode, então, ser encaminhado para um tratamento complementar ou mesmo ser direcionado ao corpo receptor, desde que para isso haja a anuência do órgão ambiental competente.

A característica principal de um reator UASB é a capacidade de granular o lodo, o que lhe permite fazer a remoção da matéria orgânica prescindindo de um material de suporte; eis aí a razão da ampla utilização do digestor anaeróbico de alta taxa, especialmente nos países tropicais, incluindo o Brasil. Além disso, a turbulência natural causada pelas bolhas de gás, formado pela decomposição anaeróbia, suspende o lodo, permitindo um contato maior com a biomassa. Com isso, dispensa-se a necessidade de uma mistura mecânica, reduzindo, assim, significativamente a demanda de energia e seu custo associado. Os TDHs podem ser manipulados de forma independente, permitindo que o projeto seja baseado na capacidade de degradação da biomassa; como resultado, ocorre a redução do tempo de tratamento de dias para horas.

Os reatores UASB podem sofrer variações significativas de temperatura e choques de carga orgânica. Dificuldades em controlar a manta de lodo podem surgir, havendo a possibilidade de fuga de material sedimentável em razão da desintegração de lodo granular e, consequentemente, sua flotação em virtude de alterações na velocidade ascensional na aplicação do esgoto. Esse fenômeno ocorre, principalmente, quando são aplicadas vazões maiores do que as calculadas no dimensionamento do reator. Um dos motivos para isso é o aporte de águas pluviais parasitárias, que se verifica, ocasionalmente, em eventos de chuva. Outro problema relacionado ao uso desses aparatos é a existência esporádica de altas concentrações de enxofre, ocasionando odores indesejáveis e processos corrosivos.

Também há a necessidade de pós-tratamento do efluente do UASB com o propósito de atingir os padrões de lançamento em corpos receptores, incluindo matéria orgânica, nitrogênio, fósforo e patogênicos. Além disso, é preciso purificar o biogás para sua utilização e para a formação de escuma.

Como parâmetros de dimensionamento, alguns valores necessitam ser estudados para determinar o volume total do reator, sendo o TDH, a carga orgânica volumétrica (COV) e a carga hidráulica volumétrica (CHV) os mais significativos. Apesar de serem adotadas nos projetos de estações de tratamento tipo UASB, cargas orgânicas inferiores a 15 kg DQO $m^{-3} \cdot d^{-1}$ e cargas orgânicas volumétricas mais elevadas, da ordem de 45 kg DQO $m^{-3} \cdot d^{-1}$, já foram aplicadas com sucesso. Para os efluentes sanitários de baixa concentração, a COV, quase sempre inferior a 2,5 a 3,0 kg DQO $m^{-3} \cdot d^{-1}$, não se apresenta como parâmetro impeditivo, haja vista o volume total do reator; outra razão para isso é o fato de seu dimensionamento ser realizado pela carga hidráulica volumétrica, resultante do volume de esgotos introduzidos diariamente no reator por unidade de seu volume e equivalente ao inverso do tempo de detenção hidráulica na unidade.

A CHV não deve exceder 5,00 $m^3 \cdot m^{-3} d^{-1}$, correspondendo a um TDH mínimo de 4,8 horas. Com relação ao esgoto sanitário, à exceção de haver uma estação elevatória, o reator fica exposto a toda sorte de variações de vazão e de carga orgânica, que indica um aumento da seção transversal para garantir, nos picos de vazão, as necessárias baixas velocidades ascensionais.

O TDH é relevante por ter relação direta com a velocidade do processo de digestão anaeróbia, que está conexo com o tamanho da unidade de tratamento. Relacionado a uma temperatura média de 20 °C, esse parâmetro pode variar entre 6 e 16 horas. Para os efluentes sanitários com uma temperatura de aproximadamente 20 °C, adota-se, para a vazão média, um TDH de 8 a 10 horas. Para a vazão máxima, deve-se adotar um tempo superior a 4 horas, mas, nos picos de vazão máxima, o tempo não deve ultrapassar 6 horas.

A eficiência do sistema é determinada em relação à porcentagem da matéria orgânica retirada, podendo ser medida em remoção da DBO, da DQO, ou dos SST. Em temperaturas maiores do que 20 °C e TDH entre 6 e 10 horas, as eficiências na remoção de DBO e DQO e se mantêm entre 65 e 80%, e na remoção de SST, na ordem de 67 a 90%.

Sistemas de coleta e tratamento de esgotos sanitários

A Figura 4.9 apresenta um corte de um reator UASB do tipo RALF circular, e a Figura 4.10 mostra reatores UASB do tipo RALF retangulares.

Figura 4.9 – Desenho em corte de um reator UASB tipo RALF circular tendo como base o projeto da Sanepar para RALFs

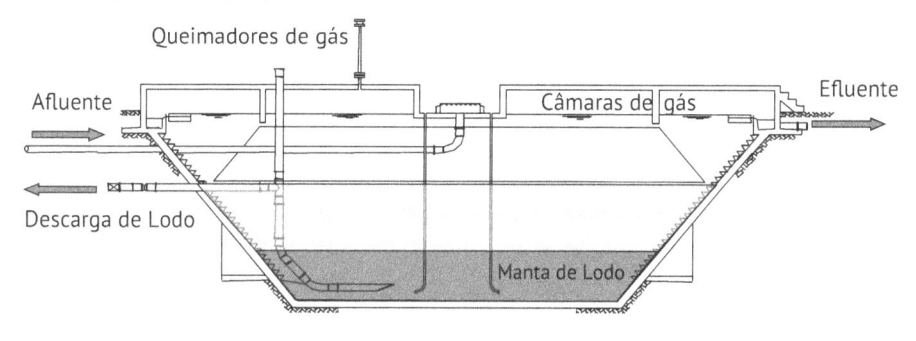

Figura 4.10 – Reator UASB tipo RALF retangular – ETE Atuba Sul, Sanepar, Curitiba/PR

4.4.3 Lodos ativados

Os processos aeróbios de lodos ativados consistem, essencialmente, na mistura completa do esgoto com certo volume de lodo biologicamente ativo, ou seja, com microrganismos degradadores da matéria orgânica. O lodo é mantido em suspensão por aeração forçada sob a ação de difusores de ar ou misturadores que incorporam o ar no líquido, durante um período adequado para converter a matéria orgânica em gás – graças à respiração dos microrganismos (CO_2) – ou em material celular, que é facilmente solidificado em um tanque sequencial de sedimentação, denominado *sedimentador secundário*. Parte da matéria orgânica convertida em lodo retorna ao tanque de areação como inóculo para dar continuidade ao tratamento. O restante do lodo é retirado e disposto em processos de digestão anaeróbia nos biodigestores. Na Figura 4.11, apresentamos um esquema do processo de tratamento por lodos ativados.

Figura 4.11 – Esquema do tratamento de sistema por lodos ativados

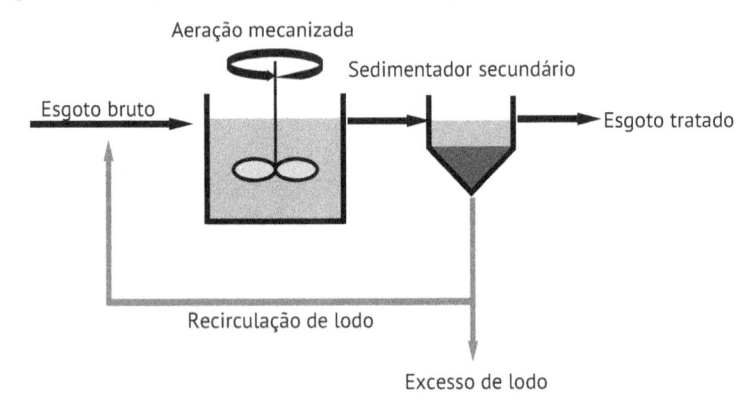

Esse tipo de tecnologia pode produzir um efluente com concentração de matéria orgânica variando de muito alta a muito baixa. Não necessita de grandes áreas para sua instalação se comparado ao sistema de lagoas, a ser comentado adiante nesta obra, porém, requer um alto grau de mecanização, o que implica custos de manutenção e de consumo de energia. A eficiência de remoção da matéria orgânica suspensa e dissolvida é de aproximadamente 90% nos sistemas convencionais, somando-se as três etapas do processo: sedimentação primária, tanque de aeração e sedimentação secundária. O sedimentador primário proporciona que a matéria orgânica em suspensão seja retirada antes do tanque de aeração, o que representa economia no consumo de energia.

O TDH totaliza de 6 a 8 horas para sistemas convencionais, demandando tanques de aeração com dimensões pequenas. Isso acontece em razão do retorno de lodo e das velocidades metabólicas dos microrganismos aeróbios, que são mais rápidos em relação aos anaeróbios. A recirculação de lodo também faz os sólidos permanecerem mais tempo que a massa líquida no sistema (4 a 10 dias). Esse tempo é chamado de *idade do lodo*.

De acordo com a configuração do sistema, havendo uma fase anóxida, ou seja, com baixa quantidade de oxigênio, o sistema de lodos ativados pode também remover nitrogênio. Nessa fase, os microrganismos têm dificuldade de retirar o oxigênio livre no líquido, buscando, então, o oxigênio dos compostos de nitrito, formados a partir da incorporação do oxigênio no nitrogênio amoniacal.

O sistema de lodos ativados pode apresentar algumas configurações distintas: o de aeração prolongada e o de fluxo intermitente, ou por batelada. O sistema de lodos ativados por **aeração prolongada**, como o nome já sugere, mantém a biomassa por uma idade do lodo maior do que o convencional (18 a 30 dias) e o TDH é de 16 a 24 horas, mantendo a mesma carga de DBO. O TDH mais alto demanda um o reator de maior dimensão se comparado ao sistema convencional e, ao mesmo tempo, uma menor concentração de matéria orgânica por unidade de volume e menor disponibilidade de alimento. Para dar continuidade ao processo metabólico dos microrganismos, estes passam a consumir a matéria orgânica existente em suas células. Com isso, o lodo sai já estabilizado do tanque de aeração, prescindindo de um biodigestor. Esse sistema também não tem sedimentador primário, para evitar a demanda de uma unidade de estabilização do lodo resultante do sedimentador.

Em virtude do aumento do volume do tanque de aeração, há também maior consumo de energia elétrica. Porém, esse é um sistema de maior eficiência de remoção de DBO entre os que funcionam com lodos ativados, podendo chegar a 99% na remoção da matéria orgânica.

Já no sistema de **fluxo intermitente por batelada**, há apenas uma unidade para todas as etapas de tratamento do esgoto. A biomassa permanece no tanque, não havendo necessidade de sistema de recirculação de lodo. Um sistema de lodos ativados com fluxo intermitente tem ciclos bem-definidos de operação, são eles: enchimento, reação, sedimentação, esvaziamento e repouso.

Em sistemas com recepção contínua, como as estações que recebem esgotos domésticos, é preciso ter mais de um tanque de aeração, pois um que se encontre no ciclo de decantação não pode receber esgotos, sendo essencial dispor de outro que esteja no ciclo de enchimento. Essa estrutura pode funcionar como um sistema de lodos ativados convencional ou como um de aeração prolongada.

Figura 4.12 – Tratamento por lodos ativados – ETE Pinheirinho, Saneamento Básico Vinhedo (Sanebavi), Vinhedo/SP

A ETE apresentada na Figura 4.12 utiliza o sistema de lodos ativados, demonstrando o tratamento preliminar, o tanque de aeração, o sedimentador secundário e a desinfecção do efluente.

4.4.4 Lagoas de estabilização

As lagoas de estabilização são o sistema com construção e operação mais simples. Têm forma retangular, em sua maioria, e podem ser construídas por escavação e impermeabilização do terreno.

As **lagoas facultativas** são pouco profundas, e parte do tratamento ocorre de maneira aeróbia na parcela superior da lagoa, em razão da atividade de microrganismos aeróbios. O oxigênio utilizado por esses microrganismos é produzido por algas sob a influência da luz solar (fotossíntese) e também pela inserção de oxigênio por ação do vento e da pressão atmosférica.

As **lagoas anaeróbias** são mais profundas do que as facultativas, com profundidade variando entre 2 e 5 m, e têm o objetivo de sedimentar a parcela dos sólidos provenientes do esgoto. A ação dos microrganismos é anaeróbia e, portanto, não depende da ação fotossintética das algas. Como não apresentam uma boa eficiência, são projetadas, sempre que possível, associadas a lagoas facultativas ou aeradas.

Já as **lagoas aeróbias** (ou *de alta taxa*) têm profundidade que varia de 3 a 5 m e são providas de aeradores mecânicos de superfície. Funcionam como um tanque de aeração no qual os aeradores artificiais substituem a oxidação pela ação das algas nas lagoas de estabilização. Por utilizar equipamentos mecanizados, necessitam de energia elétrica. Como dispõem de um regime hidráulico de mistura completa, demandam uma lagoa complementar, denominada *lagoa de sedimentação*, para que o lodo produzido na lagoa aeróbia sedimente e seja digerido em processo anaeróbio.

Por fim, as **lagoas de maturação** são alocadas após o tratamento completo de uma lagoa ou de outro tipo de tratamento convencional, cujo principal objetivo é a redução de coliformes termotolerantes.

As lagoas podem ser utilizadas em série, como no sistema australiano, que utiliza uma lagoa anaeróbia, seguida de uma lagoa facultativa (Figura 4.13) como tratamento complementar, ou seja, na sequência de outro sistema de tratamento, ou como tratamento completo.

Figura 4.13 – Planta de lagoas anaeróbias seguidas de lagoas facultativas (sistema australiano)

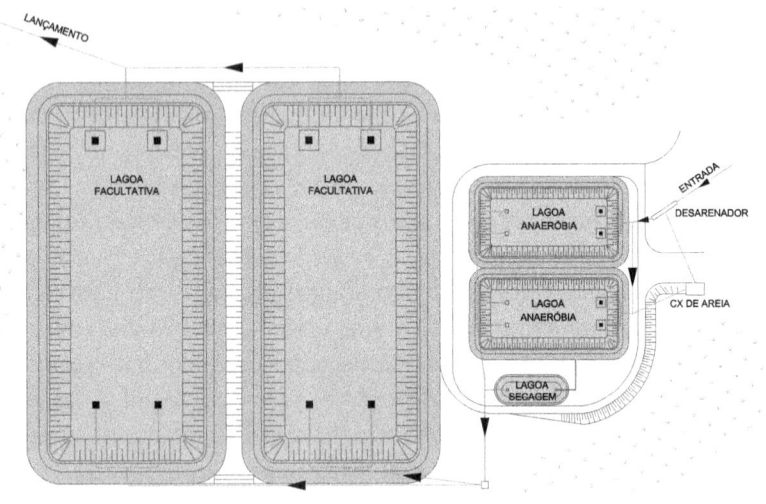

Fonte: Brasil, 2015, p. 265.

Síntese

Neste capítulo, explicamos que as águas residuárias são as águas servidas que, ao perderem qualidade, não podem ser utilizadas para o mesmo fim. Também esclarecemos que a carga hidráulica volumétrica é a quantidade de fluido aplicado em um processo unitário em massa por tempo e volume. Já a carga poluidora é a quantidade de poluente lançado em corpos receptores descritos em massa por tempo. Ainda, evidenciamos que os corpos receptores são cursos de água aos quais são lançados os efluentes de estações de tratamento de esgotos; e definimos eficiência de tratamento como a porcentagem de remoção de impurezas do esgoto sanitário promovido pelas estações de tratamento de esgoto.

Diferenciamos os tipos de esgoto: o doméstico refere-se às águas servidas eliminadas de residências; o industrial corresponde às águas servidas provenientes de indústrias; o pluvial é composto de águas de precipitações como a chuva; o sanitário equivale às águas servidas proveniente de edificações, que incluem residências, comércios, serviços, eventualmente indústrias, e águas de infiltração.

Sistemas de coleta e tratamento de esgotos sanitários

No Brasil, para a coleta de esgoto, exige-se o sistema separador absoluto, que segrega em sistemas distintos o esgoto sanitário do esgoto pluvial (drenagem). Existem outros sistemas, como o unitário (não recomendado no país), que é o sistema de coleta de esgoto que une o esgoto sanitário e o pluvial.

Uma estação de tratamento de esgoto, por sua vez, é o conjunto de processos unitários sequenciais que promovem a remoção da matéria orgânica e outros poluentes do esgoto sanitário. Analisamos, ainda, o padrão de lançamento de efluentes, que são concentrações máximas permitidas pelas legislações estaduais e federal de determinados tipos de poluentes que podem ser lançados em corpos receptores.

Ressaltamos que os sistemas individuais de tratamento de esgotos (indicados para lugares onde não há coleta), são tecnologias aplicadas ao tratamento no ponto de geração do efluente, tendo como exemplo o tanque séptico. Por fim, demonstramos que o tempo de detenção hidráulico, nesse contexto, é o período de permanência de um fluido em um processo unitário.

Questões para revisão

1. (Selecon – 2018 – Prefeitura de Cuiabá/MT) No dimensionamento de uma estação de tratamento de esgoto a ser instalada em uma unidade educacional foi considerada a população de 1.500, dentre estudantes e funcionários. Considerando uma contribuição média *per capita* de 40 L/d de esgoto com concentração média de DBO de 350 mg/L, a carga de DBO_5 a ser considerada no projeto da ETE é:
   a. 75.000 kg/d.
   b. 21.000 kg/d.
   c. 14.000 kg/d.
   d. 180.000 kg/d.

2. (FGV – 2017 – Prefeitura de Salvador/BA) Para dimensionar uma fossa séptica, segundo a NBR 7229/93, para atender a uma população de 120 habitantes que têm uma contribuição *per capta* de esgotos de 70 L/(hab.dia), o projetista usou um período de detenção dos esgotos "T" de 0,58 dias, uma taxa total de acumulação de lodo "K" de 105 dias e uma contribuição de lodo fresco "L_f" de 0,3 L/(hab.dia).

Dessa forma, o volume da fossa séptica, em m³, é de:
a. 8,026.
b. 9,652.
c. 10,724.
d. 11,356.
e. 12,432.

3. (FCC – 2018 – Sabesp) A tecnologia de tratamento de esgotos, denominada *lodos ativados*, é um:
   a. sistema de tratamento de efluentes líquidos que apresenta elevada eficiência de remoção de matéria inorgânica presente em efluentes sanitários e industriais.
   b. processo químico, onde o esgoto efluente na ausência de oxigênio dissolvido e na presença de agentes coagulantes forma flocos denominados *lodos ativados*.
   c. processo utilizado nas estações de tratamento de esgotos (ETE) em que a decomposição acelerada da matéria orgânica presente no esgoto é realizada por um conjunto de bactérias aeróbias.
   d. sistema que necessita de um baixo grau de mecanização quando comparado a outros sistemas de tratamento e que exige baixo consumo de energia elétrica.
   e. sistema que dispensa a necessidade de análises físico-químicas e microbiológicas frequentes para monitoramento e controle do processo.

4. O tratamento preliminar, ou pré-tratamento, consiste em gradeamento, desarenação e medição de vazão. Para qual motivo é necessário utilizar o tratamento preliminar?

5. O que diferencia o cálculo de estimativa da vazão de esgoto do cálculo da estimativa do consumo de água?

Questões para reflexão

1. Os rios urbanos, na maioria das cidades brasileiras, encontram-se degradados pelo excesso de poluentes neles lançados, principalmente pelo esgoto sanitário. Mesmo havendo sistemas de coleta de esgoto, parte do efluente segue diretamente ao rio pelo próprio sistema de coleta ou pela drenagem urbana. Nesse último caso, quando implementado o sistema separador absoluto, o fato sugere a existência de ligações irregulares de esgoto no sistema de drenagem. Visite o rio mais próximo de sua residência e verifique visualmente se há características de contaminação por esgoto sanitário. Elabore um plano de despoluição ambiental simplificado, contendo ideias e soluções para a identificação dos poluidores e formas de minimizar seus efeitos.

2. Você sabe identificar o tipo de sistema de esgotamento sanitário que serve sua residência? Infelizmente, nem todos contam com um sistema de esgotamento sanitário, e esse pode ser o seu caso. Se isso for verdadeiro para você, pesquise o tipo de sistema de esgotamento adotado em seu bairro. Separador absoluto ou unitário? Nenhum dos dois? Pode ser que você utilize um sistema individual de tratamento. Qual seria? Caso tenha um sistema, para onde seu esgoto é encaminhado? Existe uma estação de tratamento de esgotos que recebe, trata e dispõe o esgoto de sua casa? Se sim, tente agendar uma visita com a companhia que opera a estação e estude o funcionamento dela.

3. Provavelmente exista alguma indústria que gere efluentes perto de sua residência ou de seu trabalho. O tipo de tratamento aplicado a processos industriais é semelhante ao do tratamento de esgoto doméstico, mas de acordo com as características do esgoto, os processos podem apresentar tecnologias não estudadas neste livro. Para saber mais, procure visitar uma indústria de sua cidade que disponha de um sistema de tratamento de efluentes. Verifique os processos e visualize as novidades. Talvez exista um licenciamento ambiental. Verifique quais são os parâmetros da licença emitida. Qual corpo receptor recebe os efluentes após o tratamento? Você concorda com esse tipo de aplicação? Posicione-se sobre o assunto.

Capítulo 5

Drenagem urbana

Conteúdos do capítulo
» Concepção e planejamento de sistemas de drenagem urbana.
» Urbanização e impactos sobre a drenagem.
» Controle de enchentes.
» Medidas estruturais e não estruturais.
» Microdrenagem e macrodrenagem.
» Determinação de vazões de águas pluviais.

Após o estudo deste capítulo, você será capaz de:
1. enumerar os objetivos de sistemas de coleta de águas pluviais;
2. identificar a influência da urbanização na quantificação das águas pluviais;
3. elencar as diretrizes para o controle de cheias e enchentes;
4. identificar as medidas estruturais e não estruturais utilizadas em sistemas de drenagem urbana;
5. reconhecer os componentes de sistemas de microdrenagem e macrodrenagem;
6. estimar a vazão de águas pluviais por meio do método racional e racional modificado;
7. determinar a intensidade de chuvas pelo método IDF (intensidade-duração-frequência);
8. determinar o tempo de concentração de bacia pelos métodos de George Ribeiro, Kirpich, Kerby e cinemático.

Como ressaltamos nos capítulos iniciais deste livro, a água existente no planeta segue um percurso natural conforme o ciclo hidrológico. As ações antrópicas, sobretudo na ocupação do solo e nas atividades correlatas ao uso das águas superficiais e subterrâneas, alteram o caminho natural que a água percorre, seguindo sempre seu fluxo em função da gravidade, partindo dos pontos mais altos e chegando aos mais baixos. Nestes é que se localizam rios, lagos e mares. Portanto, a água tende a se acumular nesses pontos e, dependendo da incidência das precipitações pluviométricas, podem ocorrer cheias dos rios e, consequentemente, alagamentos em áreas no entorno deles.

Como a ocupação humana está intimamente ligada à disponibilidade da água, as grandes cidades se formaram inicialmente no entorno desses rios. Essa interface entre a cidade e os rios deve ser observada com critério, enfatizando-se a criação de mecanismos para que o fluxo das águas continue a seguir seu caminho natural, sem afetar a ocupação humana no local. Para tanto, são necessárias medidas e estruturas que coletem as águas das chuvas e as encaminhem ao leito dos rios de forma ordenada, a fim de não causar transtornos e prejuízos à ocupação humana.

Neste capítulo, discutiremos alguns temas inerentes à drenagem urbana, instrumento por meio do qual é realizado o controle das águas que percorrem essas áreas.

5.1 Concepção e planejamento dos sistemas de drenagem urbana

A unidade de planejamento da drenagem urbana é a bacia hidrográfica – área geográfica em que todas as águas superficiais são direcionadas a um único ponto de saída sob a ação da gravidade. Esse ponto de saída é denominado *exutório* e é delimitado pelas partes mais altas do terreno, chamadas de *divisores de bacia*. A Figura 5.1 apresenta um esquema de uma bacia hidrográfica.

Drenagem urbana

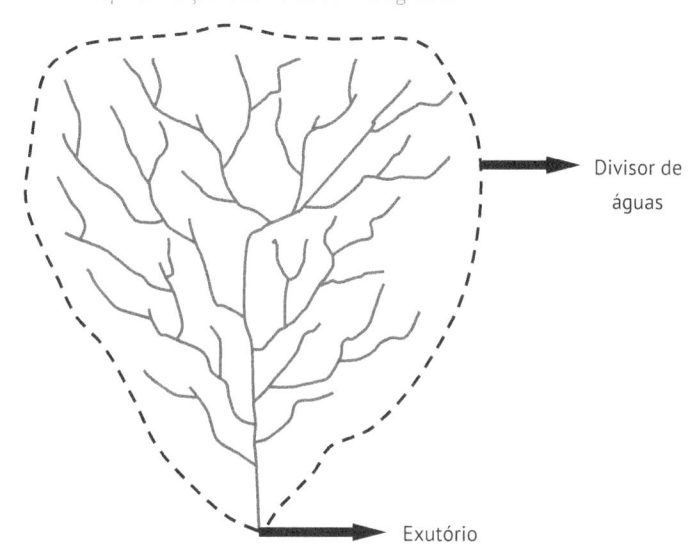

Figura 5.1 – Representação de uma bacia hidrográfica

Divisor de águas

Exutório

Portanto, a ocupação urbana na bacia hidrográfica pode gerar consequências para seus moradores, tendo em vista o aspecto natural do escoamento superficial das águas pluviais. Em um primeiro momento, áreas próximas aos leitos dos rios tendem a não serem ocupadas, pois há possibilidade de cheias e inundações. Contudo, ao longo do tempo, as pessoas, geralmente a população de baixa renda, aproveitam esse espaço desocupado e, muitas vezes de forma simples e irregular, constroem ali suas residências. Posteriormente, passam a sofrer com as inundações, cuja regularidade e intensidade estão intimamente ligadas à intensidade das chuvas e da ocupação de outras áreas da bacia.

Assim, a área de inundação natural do rio passa a provocar prejuízos à população que vive em seu entorno. A fim de evitar esse tipo de ocorrência, são realizadas intervenções, de modo mais célere possível, com vistas a afastar as águas de chuva incidentes na bacia até a chegada dessas águas no rio. Da mesma forma, há um impedimento no próprio rio, retificando seu percurso, para que possa escoar, o mais rápido possível, as águas captadas até seu exutório.

Essas intervenções constituem os sistemas de drenagem urbana. O sistema tradicional é composto de dois subsistemas distintos que precisam ser concebidos e planejados sob critérios diferenciados: a microdrenagem e a macrodrenagem.

A **microdrenagem**, ou *coletor de águas pluviais*, é formada pela superfície da área urbana, por ruas, guias e sarjetas, bocas de lobo, rede de galerias de águas pluviais e canais de pequenas dimensões na ordem de até 1 m de largura. Esse sistema é dimensionado para o escoamento de vazões de 2 a 10 anos de período de retorno. Já a **macrodrenagem** é constituída, em geral, por canais (abertos ou de conduto fechado) de maiores dimensões, projetada para vazões de 25 a 100 anos de período de retorno.

Uma tendência relativamente recente é armazenar as águas das chuvas nas edificações com finalidade de reaproveitamento e de contenção dos picos iniciais de vazão pluvial, desde que existam locais (superficiais ou subterrâneos) adequados para a implantação dos reservatórios de contenção. Esse conceito não dispensa, contudo, a suplementação por sistemas de micro e macrodrenagem.

O objetivo principal de um sistema de drenagem é reduzir e afastar o risco de inundações em áreas consolidadas de ocupação humana. Outro propósito é garantir a preservação ambiental das áreas de várzeas, ou seja, de ocorrência natural de cheias ao longo dos rios. Essas áreas não urbanizadas promovem o escoamento de vazão de cheias, preservam o ecossistema aquático e terrestre e possibilitam inter-relações entre as águas superficiais e as subterrâneas. Ao mesmo tempo, também podem minimizar os problemas de erosão e assoreamento. Sistemas de drenagem bem-concebidos podem promover o bem-estar social e ambiental ao utilizar as áreas para atividades de lazer, esporte ou simplesmente contemplação cênica.

O sistema de drenagem deve ser planejado considerando-se as especificidades do ambiente urbano. Em áreas urbanas consolidadas, sempre há um conflito entre o antrópico e o natural, justamente em razão da ocupação do espaço, ou seja, a ocupação humana interfere na drenagem natural e vice-versa. Assim, tanto a ocupação urbana quanto a delimitação dessas áreas têm de ser levadas em consideração em um projeto de drenagem e devem ser trabalhadas conjuntamente.

Ainda, deve ser dada atenção à qualidade das águas de drenagem, a qual relaciona-se com as práticas de limpeza de passeios e vias, de coleta e de remoção de resíduos sólidos e detritos urbanos, de impedimentos na ligação clandestina de esgotos na rede de drenagem, entre outras aplicações.

5.2 Processo de urbanização e os impactos sobre a drenagem

A urbanização de uma bacia hidrográfica altera sua resposta hidrológica a eventos de chuvas. Os efeitos mais notórios são as reduções da infiltração e o tempo de concentração de bacia.

O **tempo de concentração** de bacia é o tempo que as águas gastam para percorrer toda a extensão da bacia, do ponto mais distante até a sua foz. As **reduções de infiltração** das águas das chuvas, causadas pela impermeabilização do solo e pela redução do tempo de concentração de bacias, resultam em picos de vazão muito maiores em relação às condições naturais anteriores à intervenção antrópica. É comum o aumento das vazões máximas de cheias estar correlacionado com o crescimento das áreas urbanizadas da bacia e da área servida por obras de drenagem. Há casos em que os picos de cheia em uma bacia urbanizada são seis vezes superiores aos picos da mesma bacia em condições naturais.

É importante notar que o volume do escoamento superficial direto é primordialmente determinado pela quantidade de água precipitada, pelas características de infiltração do solo, pela chuva antecedente, pelo tipo de cobertura vegetal, pela superfície impermeável e pela retenção superficial. Já o tempo de concentração de bacia é influenciado pela declividade, pela rugosidade superficial do leito, pelo comprimento de percurso e pela profundidade da água do canal. Portanto, os efeitos da urbanização na resposta hidrológica das bacias de drenagem devem ser analisados sob a ótica tanto do volume do escoamento superficial direto quanto do tempo de trânsito das águas.

Um impacto da urbanização, de relativa importância, é a **erosão do solo** na bacia hidrográfica. As alterações na cobertura do terreno caracterizam-se pela supressão de áreas verdes, deixando o solo exposto pelos movimentos de terra, como escavações e terraplanagem, sendo posteriormente substituídas por áreas construídas, pavimentadas ou com outro tipo de superfície substancialmente diferente do tipo original. Assim, o solo descoberto tende a ficar vulnerável à ação das enxurradas, produzindo a erosão superficial, o aumento de transporte sólidos suspensos na bacia e, consequentemente, a sedimentação deles nos drenos principais, de menor declividade. A Figura 5.2 exemplifica essa situação.

Figura 5.2 – Ocupação urbana em bacias hidrográficas

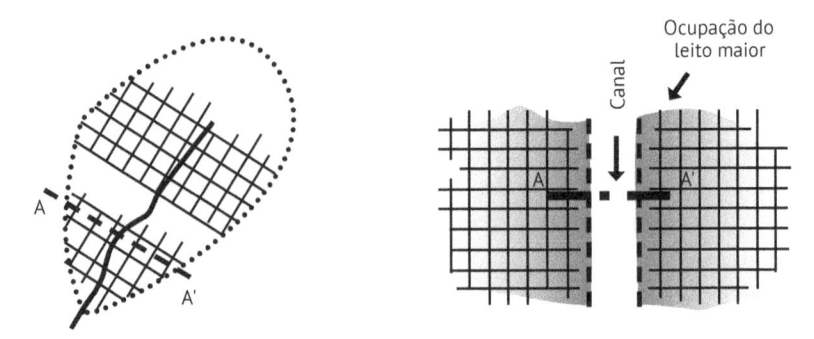

Bacia com ocupação em desenvolvimento

Fonte: Elaborado com base em Paraná, 2002.

Outro fator, já comentado nesta obra, está relacionado às **áreas construídas e pavimentadas**, que impermeabilizam o solo, reduzindo sua capacidade natural de absorver as águas das chuvas através da infiltração e aumentando o volume do escoamento superficial direto das chuvas.

O último fator a ser discutido está ligado às **modificações das calhas dos rios** em razão da urbanização. São comuns obras de retificação dos rios urbanos, canalizando-os e desviando-os do curso natural. Essas obras incluem as ampliações de seções da calha dos rios e as alterações no tipo de revestimento do leito, podendo ocorrer substituições de áreas mais baixas. Também se faz a supressão de pequenos leitos de rios naturais que, substituídos por galerias, oferecem menor resistência ao escoamento superficial e, consequentemente, atribuem maior velocidade ao fluxo das águas; o resultado é a redução dos tempos de concentração das bacias.

5.3 Controles de enchentes

O controle das enchentes baseia-se em duas linhas diferentes. A primeira delas é mais tradicional e orientada para o **aumento da condutividade hidráulica** do sistema de drenagem de determinada área, ou seja, para o acréscimo da velocidade de escoamento das águas pluviais. Os sistemas efetuam a coleta das águas do escoamento superficial direto, seguida do imediato e rápido transporte dessas águas até um ponto de recebimento, que pode ser a foz de um rio ou áreas de várzeas não urbanizadas.

Os princípios são aplicáveis tanto em áreas já urbanizadas quanto naquelas em processo de urbanização. Há, logicamente, um aumento das vazões, bem como dos níveis e das áreas de inundações a jusante, em relação à condição anterior à sua implantação. A manutenção deve ser frequente em calhas, rios e galerias, incluindo, a remoção de vegetações arbustivas ao longo dos canais de terra e nas ações de desassoreamento.

A segunda linha é orientada para o **armazenamento das águas**. Sua função é realizar o armazenamento temporário das águas de escoamento superficial direto, no ponto de origem ou próximo dele, e, de forma subsequente, liberar de forma mais gradual essas águas a jusante no sistema de galerias ou canais. Esse procedimento minimiza os danos e a interrupção das atividades em qualquer local de implementação e é mais adequado para áreas em fase de desenvolvimento urbano, mas pode ser utilizado em áreas já urbanizadas, quando há locais adequados para a implantação de armazenamentos superficiais ou subterrâneos. Essa linha, em alguns casos, pode proporcionar a utilização das águas pluviais armazenadas para fins não necessários, como regas de jardins e limpeza da pavimentação urbana, entre outros.

5.4 Medidas estruturais e medidas não estruturais

Existem duas medidas que são utilizadas para o controle do escoamento das águas superficiais: as estruturais e as não estruturais.

As **medidas estruturais** são intervenções físicas realizadas por meio de obras e construções civis que contemplam o desvio, o armazenamento, o aumento ou a redução da velocidade de escoamento superficial das águas, dependendo do caso, controlando danos e interrupções das atividades urbanas causadas pelas inundações. Essas intervenções demandam maior quantidade de recursos financeiros, muitas vezes sendo inviáveis em razão dos altos índices pluviométricos de determinada região e por causa da situação econômica encontrada, principalmente em países em desenvolvimento, entre os quais figura o Brasil.

Assim, as medidas estruturais minimizam danos prováveis, e não necessariamente promovem uma proteção absoluta no controle e no manejo das águas pluviais. Como exemplos de medidas estruturais podemos citar as galerias pluviais e os canais, a captação das águas de chuva dos pavimentos através de sarjetas e bocas de lobo, os reservatórios para amortização e retenção de cheias, como lagos e parques inundáveis, a construção de diques e bacias de sedimentação, entre outros.

As **medidas não estruturais** implicam ações destinadas ao controle e à ocupação do solo e ao planejamento urbano. Portanto, são capazes de antever a urbanização, a fim de minimizar os efeitos que alteram o regime de escoamento superficial das águas pluviais. Também são aplicadas com intuito de minimizar a vulnerabilidade da população em áreas consideradas de risco para inundações e deslizamentos de terra: no primeiro caso, em áreas de várzea, e no segundo, em áreas de morros e montanhas. Nas áreas suscetíveis a inundações, é possível buscar alternativas para proporcionar à população local uma convivência melhor com esses fenômenos, preparando-as para absorver possíveis impactos e prejuízos materiais. Geralmente, esse último grupo faz parte de áreas urbanas históricas ou tradicionais que mantêm fortes ligações sociais com o local; eis uma razão para as medidas não estruturais terem sua implantação dificultada em curto prazo: o fato de envolverem aspectos culturais.

Para que as medidas não estruturais sejam implantadas com êxito, é necessário o envolvimento profundo da população. A inexistência ou a má aplicação de medidas não estruturais é a principal causadora de problemas de drenagem na área urbana, sobretudo, nas cidades de maior densidade populacional. Como exemplo de medidas não estruturais, citamos o planejamento do uso e da ocupação do solo, a efetivação de contratos de seguros contra inundações, a operação e a organização da defesa civil, o deslocamento e os reassentamentos populacionais, as estruturas à prova de inundações e os programas de inspeção e manutenção do sistema.

A Figura 5.3, a seguir, exemplifica a associação de medidas estruturais e não estruturais em sistemas de drenagem.

Figura 5.3 – Exemplos de medidas estruturais e não estruturais em drenagem urbana

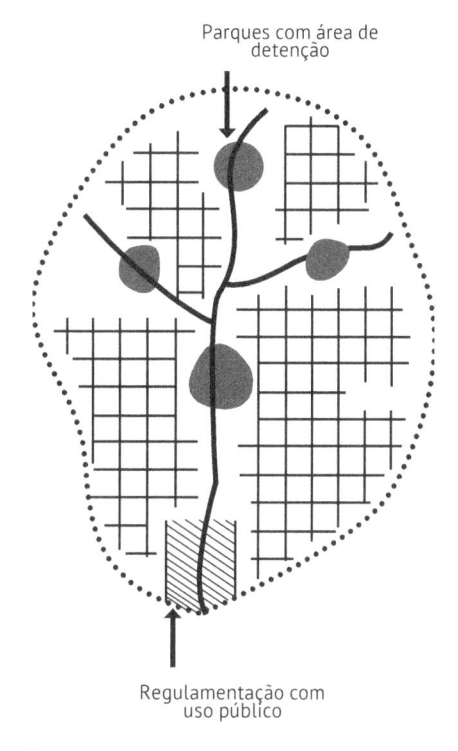

Parques com área de detenção

Regulamentação com uso público

Fonte: Elaborado com base em Paraná, 2002.

Investimentos em medidas estruturais e não estruturais aplicados de forma balanceada e racional podem minimizar significativamente os prejuízos causados pelas inundações.

5.5 Sistemas de drenagem

Os **sistemas de microdrenagem** urbana referem-se, principalmente, à captação das águas pluviais, galerias e pequenos canais. Relativamente aos condutos pluviais em nível de loteamento ou de rede primária urbana, os principais termos utilizados no dimensionamento de um sistema pluvial são:

a) Galeria - Canalizações públicas usadas para conduzir as águas pluviais provenientes das bocas de lobo e das ligações privadas;
b) Poço de visita - Dispositivos localizados em pontos convenientes do sistema de galerias para permitirem mudanças de direção, mudança de declividade, mudança de diâmetro e inspeção e limpeza das canalizações;
c) Trecho - Porção da galeria situada entre dois poços de visita;
d) Bocas-de-lobo - Dispositivos localizados em pontos convenientes, nas sarjetas, para captação das águas pluviais;
e) Tubos de ligação - São tubulações destinadas a conduzir as águas pluviais captadas nas bocas-de-lobo para as galerias ou poços de visita;
f) Meios-fios - Elementos de pedra ou concreto colocados entre o passeio e a via pública, paralelamente ao eixo da rua e com sua face superior no mesmo nível do passeio;
g) Sarjetas - Faixas de via pública paralelas e vizinhas ao meio-fio. A calha formada é a receptora das águas pluviais que incidem sobre as vias públicas;
h) Sarjetões - Calhas localizadas no cruzamento de vias públicas formadas pela sua própria pavimentação e destinadas a orientar o escoamento das águas sobre as sarjetas;
i) Condutos forçados - Obras destinadas à condução das águas superficiais coletadas de maneira segura e eficiente, sem preencher completamente a seção transversal do conduto;
j) Estações de bombeamento - Conjunto de obras e equipamentos destinados a retirar água de um canal de drenagem quando não mais houver condições de escoamento por gravidade, para um outro canal em nível mais elevado ou receptor final da drenagem em estudo. (São Paulo Município, 1999, p. 214-215)

Ainda, estabelece-se que as o "diâmetro mínimo das galerias de seção circular deve ser de 0,30 m. Os diâmetros correntes são: 0,30; 0,40; 0,50; 0,60; 1,00; 1,20; 1,50 m", devendo funcionar em sua totalidade com vazão de projeto (São Paulo Município, 1999, p. 215).

Por sua vez, os **sistemas de macrodrenagem** dizem respeito aos canais e às galerias.

De acordo com uma concepção geral em drenagem urbana, que trata do aumento da condutividade hidráulica, a adoção de **canais abertos** em projetos de drenagem urbana sempre é uma solução que deve ser cogitada como primeira possibilidade pelas seguintes razões:

» possibilidade de veiculação de vazões superiores à de projeto, mesmo com prejuízo da borda livre (área do canal não sujeita ao transporte fluvial);
» facilidade de manutenção e limpeza;
» possibilidade de adoção de seção transversal de configuração mista, com maior economia de investimentos;
» possibilidade de integração paisagística, com valorização das áreas ribeirinhas, quando há espaço disponível;
» maior facilidade para ampliações futuras caso seja necessário.

Como critério de projeto em canalizações de sistemas de macrodrenagem, vazões com período de retorno de 25 a 30 anos comumente são utilizados. Por um critério de segurança, a canalização ou a galeria deve, ainda, comportar uma vazão com período de retorno de 50 anos, sem a folga de borda livre. Nas áreas baixas, deve-se verificar eventuais manchas de inundação para uma vazão com período de retorno de 100 anos. Essas manchas devem ser consideradas áreas de risco. Sua ocupação, por obras públicas ou privadas, deve ser restrita e de uso compatível com as eventuais possibilidades de inundação, como áreas de recreação, esporte e lazer (parques, quadras poliesportivas, pistas de *skate*) ou outras atividades que não venham a sofrer prejuízo pelo seu uso ou estrutural. A Figura 5.4, a seguir, apresenta um exemplo de canal aberto.

Figura 5.4 – Exemplos de canal trapezoidal misto em corte

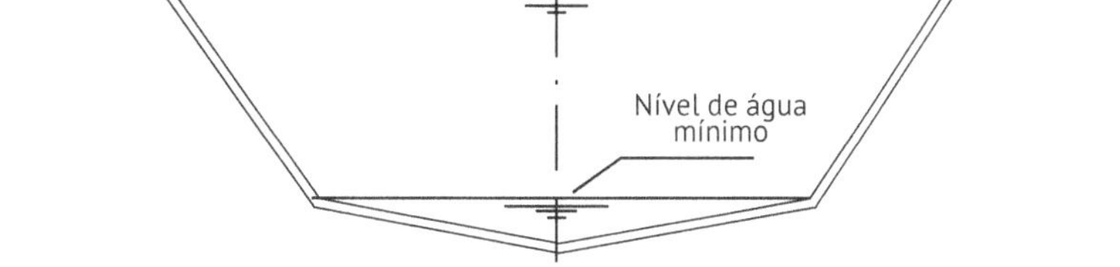

Fonte: São Paulo (Município), 1999, p. 30.

Em projetos de drenagem urbana, a utilização de **galerias** de grandes dimensões é necessária em áreas densamente urbanizadas em virtude, principalmente, da limitação de espaço e das restrições impostas pelo sistema viário. Ao se projetar uma galeria de grandes dimensões, é muito importante ter presente as limitações desse tipo de conduto, as quais, em linhas gerais, são as seguintes:

1. As galerias têm capacidade de escoamento limitada ao seu raio hidráulico, relativo à seção plena, que é inferior à sua capacidade máxima em regime livre. Em outras palavras, as galerias, ao passarem a operar em carga, sofrem uma redução de capacidade que muitas vezes pode estar aquém das necessidades do projeto;
2. Por serem fechadas, as galerias sempre apresentam condições de manutenção mais difíceis que os canais abertos, sendo relativamente grande a probabilidade de ocorrência de problemas de assoreamento e deposição de detritos, que constantemente resultam em perda de eficiência hidráulica;
3. Em determinadas circunstâncias, as galerias exigem a adoção de seção transversal de células múltiplas. Apesar desse tipo de configuração de seção transversal apresentar vantagens sob o ponto de vista estrutural, em termos de desempenho hidráulico e de manutenção é bastante problemática [...]. (São Paulo Município, 1999, p. 31-32)

Nos casos em que não é possível evitar a utilização de galerias de células múltiplas, deve-se observar as recomendações a seguir na busca por maior eficiência do projeto:

> » Se possível, introduzir trechos em canal aberto, que podem atuar como elementos de homogeneização do fluxo de água, situando-os principalmente nos locais de entrada das principais contribuições laterais, de modo a evitar a necessidade de janelas nas paredes internas das galerias. Além da sua função hidráulica, os trechos em canal aberto constituem pontos de acesso para manutenção e limpeza em condições mais razoáveis de acesso do que no caso de galeria fechada;
> » Nos casos em que as galerias de células múltiplas forem obrigatórias, é preferível optar por galerias de apenas duas células. Se for necessária a utilização de janelas

de equalização, elas devem passar de lado e precisam ser dimensionadas por trecho de galeria, de acordo com as diferenças das afluências em cada célula. Para simplificar a execução, esse dimensionamento deve ser encarado, basicamente, como uma verificação das medidas e espaçamento entre janelas, de modo que a transferência de vazões de uma célula para outra seja assegurada. Julga-se também recomendável, no sentido de reduzir o problema de retenção de detritos nas janelas: o bordo vertente das mesmas deve estar situado de 1/2 a 2/3 da altura livre da galeria;

» Nos pontos em que é mais provável o acúmulo de detritos, como nas confluências, bifurcações, janelas de equalização e curvas mais acentuadas, devem ser projetadas caixas que permitam o acesso a equipamentos de limpeza e remoção de detritos;

» Conforme já destacado, as galerias celulares, em virtude da necessidade de janelas nas suas paredes internas, possuem coeficiente de rugosidade global maior que o das galerias de células simples. (São Paulo Município, 1999, p. 32-33)

Com base nos estudos hidrológicos, que fornecem hidrogramas ou picos de vazões de projeto ao longo da canalização, podem ser utilizadas equações de regime uniforme para a definição de um pré-dimensionamento de seções. Em casos específicos de canalizações de menor importância, esses valores podem ser considerados definitivos de projeto, desde que se prove que a linha de água em regime gradualmente variável estará sempre abaixo dos valores calculados em regime uniforme. Essa consideração, no entanto, não dispensa a necessidade de cumprir com todos os procedimentos de cálculo de perdas localizadas, sobrelevações e borda livre.

Feito o pré-dimensionamento, deve-se proceder ao cálculo da linha de água em regime permanente. É preciso tomar como condição de projeto as vazões de pico do hidrograma no projeto de cada trecho. Essa condição de cálculo é conservativa e atende às necessidades de grande parte das propostas. É possível utilizar técnicas simples de cálculo como o *direct step method* (método direto em etapas) e o *standard step method* (método convencional em etapas), porém deve-se ter o cuidado de inserir os cálculos de variações da linha de água nas singularidades e verificar possibilidades de mudanças de regime. No caso dessa alteração, mudam as condicionantes de cálculo. Deve-se, portanto, interromper o cálculo, retomando-o para a nova condição. Existem métodos, como o modelo hidrodinâmico, que possibilitam avançar com o cálculo sem interrupções, uma vez que realizam todos os cálculos de singularidades, verificações do regime de escoamento e eventuais mudanças de cálculo.

A utilização de uma modelação hidrodinâmica é necessária quando se pretende otimizar um projeto de tal porte que justifique o procedimento, ou que, de antemão, apresente limitações externas importantes. Como exemplo, podemos citar as canalizações que cruzam regiões baixas, já bastante ocupadas, nas quais se deseja verificar manchas de inundações potenciais para elevados períodos de retorno, ou atestar o efeito de amortecimento na propagação de cheias.

5.6.1 Determinação da vazão: método racional

O método racional é largamente utilizado na determinação da vazão máxima de projeto para bacias pequenas (< 2 km^2). Os princípios básicos dessa metodologia são:

» A duração da precipitação máxima de projeto é igual ao tempo de concentração da bacia. Admite-se que a bacia é pequena para que essa condição aconteça, pois a duração é inversamente proporcional à intensidade.

» Adoção de um coeficiente único de perdas, denominado C, estimado a partir das características da bacia.

» Não avaliação do volume da cheia e da distribuição temporal das vazões.

A equação do modelo é a seguinte:

$$Q = C \cdot I \cdot A$$

Em que:
Q = vazão (L·min^{-1})
C = coeficiente de escoamento superficial ou, em inglês, *runoff* (adimensional)
I = intensidade de chuvas (mm·min^{-1})
A = área contribuinte (m^2)

O valor do coeficiente de escoamento superficial da bacia, determinado por meio do método racional, é obtido com base na média ponderada dos coeficientes das áreas parciais da bacia contribuinte (Rio de Janeiro Município, 2010). A Tabela 5.1 apresenta os coeficientes em áreas urbanas.

Tabela 5.1 – Coeficiente de escoamento superficial (*runoff*) – (C)

Tipologia da área de drenagem	Coeficiente de escoamento superficial
Áreas comerciais	0,70 – 0,95
Áreas centrais	0,70 – 0,95
Áreas de bairros	0,50 – 0,70
Áreas residenciais	
Residenciais isoladas	0,35 – 0,50
Unidades múltiplas, separadas	0,40 – 0,60
Unidades múltiplas, conjugadas	0,60 – 0,75
Áreas com lotes de 2.000 m² ou maiores	0,30 – 0,45
Áreas suburbanas	0,25 – 0,40
Áreas com prédios de apartamentos	0,50 – 0,70
Áreas industriais	
Área com ocupação esparsa	0,50 – 0,80
Área com ocupação densa	0,60 – 0,90
Superfícies	
Asfalto	0,70 – 0,95
Concreto	0,80 – 0,95
Blocket	0,70 – 0,89
Paralelepípedo	0,58 – 0,81
Telhado	0,75 – 0,95
Solo compactado	0,59 – 0,79

(continua)

(Tabela 5.1 – conclusão)

Tipologia da área de drenagem	Coeficiente de escoamento superficial
Áreas sem melhoramentos ou naturais	
Solo arenoso, declividade baixa < 2 %	0,05 – 0,10
Solo arenoso, declividade média entre 2% e 7%	0,10 – 0,15
Solo arenoso, declividade alta > 7 %	0,15 – 0,20
Solo argiloso, declividade baixa < 2 %	0,15 – 0,20
Solo argiloso, declividade média entre 2% e 7%	0,20 – 0,25
Solo argiloso, declividade alta > 7 %	0,25 – 0,30
Grama, em solo arenoso, declividade baixa < 2%	0,05 – 0,10
Grama, em solo arenoso, declividade média entre 2% e 7%	0,10 – 0,15
Grama, em solo arenoso, declividade alta > 7%	0,15 – 0,20
Grama, em solo argiloso, declividade baixa < 2%	0,13 – 0,17
Grama, em solo argiloso, declividade média 2% < S < 7%	0,18 – 0,22
Grama, em solo argiloso, declividade alta > 7%	0,25 – 0,35
Florestas com declividade < 5%	0,25 – 0,30
Florestas com declividade média entre 5% e 10%	0,30 – 0,35
Florestas com declividade > 10%	0,45 – 0,50
Capoeira ou pasto com declividade < 5%	0,25 – 0,30
Capoeira ou pasto com declividade entre 5% e 10%	0,30 – 0,36
Capoeira ou pasto com declividade > 10%	0,35 – 0,42

Fonte: Rio de Janeiro (Município), 2010.

A intensidade de chuvas pode ser calculada mediante a aplicação de equações intensidade-duração-frequência (IDF) válidas para o local de estudo. As equações IDF apresentam-se da seguinte forma:

$$I = \frac{a \cdot Tr^b}{(t+c)^d}$$

Em que:
I = intensidade de chuvas (mm·min^{-1} ou mm·h^{-1})
Tr = tempo de recorrência (ano)
t = tempo de duração da precipitação (min ou hora)
a, b, c, d = valores dos coeficientes locais

Existem diversas equações IDF em todo o Brasil. Para se retirar os coeficientes locais *a*, *b*, *c* e *d*, deve-se buscar a equação mais próxima do local de estudo.

Exercício resolvido

1. Utilize o método racional para estimar a vazão, em L·s^{-1}, de água pluvial a ser captada em uma bacia de contenção, sabendo que a área da bacia totalmente impermeabilizada (c = 0,95) contribuinte é de 3.000 m², para um tempo de recorrência de 20 anos com 15 minutos de duração de chuva na Cidade de Guarulhos (SP).

    Primeiramente, deve-se buscar a equação IDF determinada para a cidade de Guarulhos em fonte confiável. No caso, foi encontrada a seguinte equação:
    Nome da estação/ Entidade: Posto INFRAERO, Cumbica/FAB - E3-152R/DAEE
    Autor: Zuffo (2009)
    Coordenadas geográficas: Lat. 23°26'S; Long. 46°29'W Altitude: 780 m
    Duração da estação: 1951-1971 Período de dados: 1951-1971 (21 anos)

    $$I = \frac{2,507 \cdot Tr^{0,1748}}{(t+19)^{-0,91}}$$

    Para 5 ⩽ t ⩽ 1440 min.

Em que:
I = intensidade de chuvas (mm·h⁻¹)
Tr = tempo de recorrência (ano)
t = tempo de duração da precipitação (min)
Assim, calcula-se a intensidade de chuva com Tr = 20 anos e t = 15 min:

$$I = \frac{2{,}507 \cdot 20^{0{,}1748}}{(15+19)^{-0{,}91}} = \frac{2{,}507 \cdot 20^{0{,}1748}}{(15+19)^{-0{,}91}} = \frac{2{,}507 \cdot 1{,}688}{(34)^{-0{,}91}} = \frac{4{,}231816}{0{,}040} =$$
$$= 105{,}795 \text{ mm} \cdot h^{-1}$$

Utilizando o método racional:

Q = C · I · A = 0,95 · 105,795 · 30.000 = 3.015.157,5 Lh⁻¹ = 82,83 L·s⁻¹

Resposta: A vazão estimada pelo método racional é de 82,83 L·s⁻¹.

Dimensionar as estruturas de microdrenagem, cujas vazões são determinadas pelo método racional modificado (ver próxima seção), requer considerar o tempo de duração da chuva igual ao tempo de concentração. O tempo de duração da chuva, no método do hidrograma unitário sintético do SCS, deve ser, no mínimo, igual ao tempo de concentração, ou até o dobro desse valor (Rio de Janeiro Município, 2010).

5.5.2 Determinação da vazão: método racional modificado

Em projetos de microdrenagem, o método racional modificado apresenta coeficiente de distribuição *n* definido em função da área de drenagem (A). Já para os projetos de macrodrenagem, não é possível aplicar o coeficiente de abatimento para bacias de contribuição com áreas de até 10 km², porém, diante de áreas superiores a esse valor, é possível adotar outros critérios, desde que justificados (Rio de Janeiro Município, 2010). Por meio do método racional modificado que contempla o critério de Fantoli, o cálculo da vazão é aferido pela seguinte equação:

Drenagem urbana

$$Q = 0{,}00278 \cdot n \cdot I \cdot f \cdot A$$

Em que:
Q = vazão ($m^3 \cdot s^{-1}$)
n = coeficiente de distribuição (adimensional)
I = intensidade de chuvas ($mm \cdot h^{-1}$)
f = coeficiente de deflúvio (Fantoli)
A = área contribuinte (ha)

Obs.: $A \leq 1$ ha, $n = 1$ e $A > 1$ ha, $n = A^{-0{,}15}$

O coeficiente de Fantoli é calculado de acordo com a seguinte expressão:

$$f = 0{,}0725 \cdot C \cdot (I \cdot tc)^{\frac{1}{3}}$$

Em que:
f = coeficiente de deflúvio (Fantoli)
tc = tempo de concentração (min)
C = coeficiente de escoamento superficial ou *runoff* (adimensional)
I = intensidade de chuvas ($mm \cdot h^{-1}$) (Rio de Janeiro Município, 2010)

Para áreas urbanizadas ou em processo de urbanização, em projetos de microdrenagem, o tempo de concentração, com divisor de águas a uma distância aproximada de 60 m, segue os parâmetros constantes na Tabela 5.2, a seguir (Rio de Janeiro Município, 2010).

Tabela 5.2 – Tempo de concentração para áreas urbanizadas

Tipologia da área a montante	Declividade da sarjeta	
	< 3%	> 3%
Áreas de construções densas	10 min	7 min
Áreas residenciais	12 min	10 min
Parques, jardins, campos	15 min	12 min

Fonte: Rio de Janeiro (Município), 2010.

Para obter as parcelas do tempo de concentração nos demais casos, aplica-se a fórmula de George Ribeiro ou a fórmula de Kirpich, que se referem ao percurso sobre o talvegue, e a fórmula de Kerby, pertinente ao percurso sobre o terreno natural. Para os canais, o método cinemático pode ser utilizado com mais eficiência. O tempo de concentração (tc) empregado não pode ser inferior a cinco minutos e deve ser aferido mediante a soma de tempos distintos (Rio de Janeiro Município, 2010). Vejamos:

$$tc = tp + te$$

Em que:
tp = tempo de percurso (min) – tempo de escoamento dentro da galeria ou canal, calculado pelo método cinemático
te = tempo de entrada (min) – tempo gasto pelas chuvas caídas nos pontos mais distantes da bacia para atingirem o primeiro ralo ou seção considerada

O tempo de entrada (te) pode também ser subdividido em parcelas:

$$te = t_1 + t_2$$

Em que:
t_1 = tempo de escoamento superficial no talvegue (min) – tempo de escoamento das águas pelo talvegue até alcançar o primeiro ralo ou seção considerada, calculado pela equação de George Ribeiro ou pela equação de Kirpich
t_2 = tempo de percurso sobre o terreno natural (min) – tempo de escoamento das águas sobre o terreno natural, fora dos sulcos, até alcançar o ponto considerado do talvegue, calculado pela equação de Kerby

A equação proposta por **George Ribeiro** tem a seguinte forma:

$$t_1 = \frac{16 \cdot L_1}{(1,05 - 0,2 \cdot p) \cdot (100 \cdot S_1)^{0,04}}$$

Em que:
t_1 = tempo de escoamento superficial (min)
L_1 = comprimento do talvegue principal (km)
p = porcentagem, em decimal, da área da bacia coberta de vegetação (%)
S_1 = declividade média do talvegue principal (%)

A **equação de Kirpich** é apresentada a seguir:

$$t_1 = 0{,}39 \frac{L_1}{100 \cdot S_1^{0{,}385}}$$

Em que:
t_1 = tempo de escoamento superficial (h)
L_1 = comprimento do talvegue principal (km)
S_1 = declividade média do talvegue principal (%)

A **equação de Kerby** é:

$$t_2 = 1{,}44 \cdot \left[L_2 \cdot Ckx \left(\frac{1}{100 \cdot S_2^{0{,}5}} \right) \right]^{0{,}47}$$

Em que:
t_2 = tempo de percurso sobre o terreno natural (min)
L_2 = comprimento do talvegue principal (km)
S_2 = declividade média do terreno (%)
C_k = coeficiente de Kerby (determinado pela Tabela 5.3, a seguir) (Rio de Janeiro Município, 2010)

Tabela 5.3 – Valores do coeficiente de Kerby para terrenos naturais

Tipo de superfície	Coeficiente C_k
Lisa e impermeável	0,02
Terreno endurecido e desnudo	0,10
Pasto ralo, terreno cultivado em fileiras e superfície desnuda, moderadamente áspera	0,20
Pasto ou vegetação arbustiva	0,40
Mata de árvores decíduas	0,60
Mata de árvores decíduas tendo o solo recoberto por espessa camada de detritos vegetais	0,80

Fonte: Rio de Janeiro (Município), 2010.

O **método cinemático** é dado por:

$$t_p = 16,67 \cdot \sum \frac{L_i}{V_i}$$

Em que:
t_p = tempo de percurso (min)
L_i = comprimento do talvegue (trechos homogêneos) (km)
V_i = velocidade do trecho considerado (ms^{-1})

Em regime permanente e uniforme, a fórmula de Manning (cujos valores são encontrados na Tabela 5.4, a seguir) permite aferir a velocidade do escoamento, adotando-se o valor de 0,50 para o raio hidráulico em canais retangulares e 0,61 para canais trapezoidais (Rio de Janeiro Município, 2010).

Tabela 5.4 – Coeficientes de rugosidade (Manning) – h

Galerias fechadas			
Tipo de conduto	Mínimo	Máximo	Valor usual
Alvenaria de tijolos	0,014	0,017	0,015
Tubos de concreto armado	0,011	0,015	0,013
Galeria celular de concreto – pré-moldada	0,012	0,014	0,013
Galeria celular de concreto – forma de madeira	0,015	0,017	0,015
Galeria celular de concreto – forma metálica	0,012	0,014	0,013
Tubos de ferro fundido	0,011	0,015	0,011
Tubos de aço	0,009	0,011	0,011
Tubos corrugados de metal			
Revestimento do canal	Mínimo	Máximo	Valor usual
68 × 13 mm	0,019	0,021	0,021
76 × 25 mm	0,021	0,025	0,025
152 × 51 mm	0,024	0,028	0,028
Tubos corrugados polietileno	0,018	0,025	0,025
Tubos de PVC	0,009	0,011	0,011

(continua)

(Tabela 5.4 - conclusão)

Para canais revestidos			
Revestimento do canal	Mínimo	Máximo	Valor usual
Concreto	0,013	0,016	0,015
Gabião manta	0,022	0,027	0,027
Gabião caixa	0,026	0,029	0,029
VSL	0,015	0,017	0,017
Rip-rap	0,035	0,040	0,040
Pedra argamassada	0,025	0,040	0,028
Grama	0,150	0,410	0,240
Para canais escavados não revestidos			
Tipo de canal	Mínimo	Máximo	Valor usual
Terra, limpo, fundo regular	0,028	0,033	0,030
Terra com capim nos taludes	0,035	0,060	0,045
Sem manutenção	0,050	0,140	0,070
Para cursos de água naturais			
Curso de água	Mínimo	Máximo	Valor usual
Seção regular	0,030	0,070	0,045
Fundo de cascalho, seixos e poucos matacões	0,040	0,050	0,040
Fundo de seixos com matacões	0,050	0,070	0,050
Seção irregular com poços	0,040	0,100	0,070
Para escoamento superficial direto			
Tipo de superfície	n		
Sarjeta de concreto	0,016		
Asfalto liso	0,013		
Asfalto áspero	0,016		
Pavimento de concreto liso	0,013		
Pavimento de concreto áspero	0,015		

Fonte: Rio de Janeiro (Município), 2010.

A **fórmula de Manning** é:

$$V = \frac{R_h^{\frac{2}{3}} \cdot S^{\frac{1}{2}}}{n}$$

Em que:
V = velocidade (m · s⁻¹)
R_h = raio hidráulico (m)
S = declividade do trecho (mm⁻¹)
n = coeficiente de rugosidade (Manning) (Rio de Janeiro Município, 2010)

Com o término da descrição do método racional modificado, foram apresentadas as metodologias mais utilizadas para a determinação da vazão das águas para macro e microdrenagem. Pode, a critério técnico de cada projeto, ser solicitada a utilização de outras metodologias de determinação as quais mais se adequam à realidade de cada região. É comum que os municípios e estados emitam manuais para macro e microdrenagem a fim de atender às demandas técnicas regionais. Sendo assim, antes de iniciar as estimativas de vazão das águas pluviais, deve-se verificar se há alguma diretriz específica a ser observada.

Discutimos, de maneira introdutória, a importância e os objetivos dos sistemas de coleta das águas pluviais e apontamos como a urbanização influencia a quantificação dessas águas. Quando o meio natural é alterado em decorrência da urbanização, a dinâmica do escoamento das águas e da drenagem natural é modificada, aumentando a quantidade das águas das chuvas e a velocidade de escoamento. Esse efeito pode causar cheias e enchentes e ter consequências ainda mais graves como perdas econômicas e, até mesmo, mortes. Diante dessa realidade, neste capítulo, tratamos de diretrizes para evitar ou mitigar os efeitos das águas pluviais, introduzindo medidas de controle mediante ações estruturais e não estruturais. Nas ações estruturais, especificamente, identificamos alguns componentes dos sistemas de micro e macrodrenagem, algumas metodologias de estimativa das vazões das águas pluviais, a previsão de intensidade de chuvas e a estimativa do tempo de concentração das bacias.

Drenagem urbana

Esperamos, ao concluir este capítulo, que o leitor tenha sido iniciado ao tema da drenagem urbana e seja encorajado a se aprofundar no assunto, pois é muito amplo e máxima relevância ao se tratar de saneamento ambiental.

Síntese

Neste capítulo, esclarecemos que a unidade de planejamento da drenagem urbana é a bacia hidrográfica – área em que todas as águas superficiais são direcionadas a um único ponto de saída em razão da gravidade (exutório). Também analisamos a ocupação urbana na bacia hidrográfica, que pode gerar consequências para seus moradores em virtude do aspecto natural do escoamento superficial das águas pluviais.

Examinamos a microdrenagem, ou coletor de águas pluviais, que é composta pela superfície da área urbana, pelas ruas, pelas guias e sarjetas, pelas bocas de lobo, pelas rede de galerias de águas pluviais e pelos canais de pequenas dimensões na ordem de até 1 m de largura. Já a macrodrenagem é constituída, em geral, por canais (abertos ou de conduto fechado) acima de 1 m de largura. Esses sistemas de drenagem urbana consistem em reduzir e afastar o risco de inundações em áreas consolidadas de ocupação humana e garantir a preservação ambiental das áreas de várzeas.

Além disso, destacamos que o tempo de concentração de bacia é o tempo que as águas levam para percorrer toda a extensão da bacia, do ponto mais distante até sua foz. As medidas estruturais, por sua vez, são intervenções físicas, realizadas mediante obras e construções civis que contemplam o desvio, o armazenamento, o aumento ou a redução da velocidade de escoamento superficial das águas, dependendo do caso, controlando danos e interrupções das atividades urbanas causadas pelas inundações, ao passo que as medidas não estruturais implicam ações destinadas ao controle e à ocupação do solo e ao planejamento urbano.

Questões para revisão

1. (Vunesp – 2018 – Prefeitura de São Paulo/SP) Uma área loteada de 73 hectares, com pequena declividade, será drenada por um canal que receberá todas as águas superficiais em uma região onde a precipitação anual é de 1.728 mm. Se o coeficiente de escoamento superficial for 0,30, a vazão estimada na galeria, em litros por segundo, será:
   a. 10.
   b. 12.
   c. 16.
   d. 8.
   e. 6.

2. (Instituto Acesso – 2018 – Seduc/AM) Em hidrologia, a grandeza característica das precipitações que representa o tempo médio, em geral medido em anos, em que determinado nível de precipitação pode ser igualado ou superado é denominada:
   a. tempo de concentração.
   b. frequência de precipitação.
   c. tempo de base.
   d. tempo de retorno.
   e. tempo de retardo.

3. (CS/UFG – 2017 – Demae/GO) Uma característica importante de bacias hidrográficas é o tempo de concentração em problemas envolvendo propagação de cheias. Pela diversidade dos parâmetros associados às bacias hidrográficas, várias equações empíricas foram desenvolvidas para estabelecimento do tempo de concentração. Neste sentido, o tempo de concentração de uma bacia é:
   a. o tempo necessário para o hidrograma atingir a vazão máxima, considerando uma precipitação de curta duração.
   b. o tempo diretamente proporcional à declividade média do curso de água principal da bacia.
   c. o tempo inversamente proporcional ao comprimento do curso principal na bacia.
   d. o tempo mais longo que uma partícula de água leva entre o início da precipitação e sua saída pelo exutório da bacia.

4. Quais são as diferenças entre medidas estruturantes e não estruturantes nos conceitos referentes à drenagem urbana?
5. Qual o propósito da utilização, na drenagem urbana, das equações IDF?

Questões para reflexão

1. Os sistemas de drenagem urbana demandam manutenções periódicas a fim de garantir, com certa previsibilidade, o escoamento das águas pluviais, evitando-se cheias e inundações frequentes. Parte dessas manutenções consiste na retirada de resíduos sólidos dos rios e dos canais urbanos, lançados de forma irregular em suas margens e no próprio leito. Correlacione a eficiência da coleta de resíduos sólidos, a educação ambiental da população e os sistemas de drenagem urbana.
2. Pesquise no Código de Posturas de seu município quais são as diretrizes do uso e ocupação do solo nele contido. Faça o mesmo com o Plano Diretor do município. Contate colegas de outros municípios para dividir as informações dessas medidas não estruturantes e verifique as similaridades e as diferenças entre elas. Ao final, verifique se o local onde você reside cumpriu essas normas.
3. Busque em uma fonte confiável a curva IDF aplicável em sua região; na sequência, transcreva-a. Geralmente, cada município adota, em manuais de procedimentos para obras de drenagem, uma curva específica. Após a conclusão da pesquisa, calcule a vazão para o exercício anterior, utilizando os mesmos dados e a nova curva encontrada. Identifique a diferença entre os valores encontrados neste exercício com os do exercício anterior.

Capítulo 6

Reuso de água

Conteúdos do capítulo
» Conceito de reuso de água.
» Classificações de reuso de água.
» Regulamentação e critérios de qualidade para o reuso.
» Aspectos do reuso para fins agrícolas, urbanos e industriais.

Após o estudo deste capítulo, você será capaz de:
1. identificar potenciais fontes de reuso de água;
2. definir parâmetros e critérios para o monitoramento da qualidade da água de reuso;
3. discutir a regulamentação associada ao reuso de água;
4. diferenciar características do reuso aplicado em atividades agrícolas, urbanas e industriais.

O descarte de águas residuárias, sem tratamento, em corpos de água receptores, incluindo os mananciais de abastecimento, aumenta a poluição hídrica, comprometendo a qualidade das fontes de captação de água para consumo. Ainda, nutrientes como o fósforo e o nitrogênio, provenientes dos esgotos domésticos e industriais, contribuem para a proliferação de algas. Além disso, os custos do tratamento da água tornam-se mais elevados à proporção que a qualidade da água diminui. Nesse contexto, é fundamental que os recursos hídricos sejam utilizados da forma mais racional possível, reduzindo os impactos das ações antrópicas sobre o meio ambiente, já tão severos. Neste capítulo, portanto, nos propomos a apresentar um panorama geral sobre o reuso de água, abordando as respectivas classificações, regulamentações e critérios de qualidade que devem ser adotados para a utilização segura desse recurso.

O reuso dos efluentes diminui a poluição dos corpos hídricos, uma vez que, ao tratar e aproveitar a água oriunda dessa fonte, o lançamento de potenciais poluentes no corpo receptor é reduzido. Ademais, a implementação de técnicas de reuso pode ser vantajosa em diversas atividades econômicas, como na agricultura e em processos industriais, tema que também será discutido no decorrer do capítulo. Antes, porém, iniciamos nossa abordagem conceituando o processo de reuso de água e apresentando suas diferentes classificações.

6.1 Conceito e classificações

O reuso da água em atividades que não exigem grau de qualidade elevado minimiza o problema da escassez desse recurso natural, disponibilizando-o com mais qualidade para fins realmente necessários.

> **Importante!**
>
> *Reuso de água* pode ser definido como o aproveitamento das águas já servidas, uma ou mais vezes, para atvendimento às atividades humanas, em seu uso original ou em outras demandas de uso.

As classificações de reuso são bem abrangentes, baseadas em diferentes aspectos, como a maneira pela qual ocorre, o destino e, ainda, o grau de planejamento de uso. Segundo a Organização Mundial da Saúde (World Health Organization –WHO, 1973), os tipos de reuso são indireto e direto.

O **reuso indireto** incide quando a água já utilizada é descartada nos corpos hídricos superficiais ou subterrâneos e depois captada a jusante para um novo uso, de forma diluída. Pode ser dividido em:

» **Reuso indireto não planejado** – Ocorre quando a água, já utilizada uma ou mais vezes em alguma atividade humana, é descarregada no meio ambiente e novamente utilizada a jusante, em sua forma diluída, de maneira não intencional e não controlada.

» **Reuso indireto planejado** – Corresponde aos casos em que os efluentes, depois de convenientemente tratados, são descarregados de forma planejada nos corpos de águas superficiais ou subterrâneos, para serem utilizados a jusante, em sua forma diluída e de maneira controlada, visando a algum uso benéfico.

O **reuso direto**, por sua vez, corresponde ao uso planejado e deliberado de esgotos tratados para certas finalidades como irrigação (Figura 6.1), uso industrial, recarga de aquífero e água potável. Nesta categoria inclui-se a reciclagem interna, que consiste no reuso interno da água, antes de sua descarga, em um sistema geral de tratamento ou outro local de disposição, para servir como fonte suplementar de abastecimento do uso original.

Figura 6.1 – Sistema de reuso direto de água, aplicado na irrigação de cultivos agrícolas por gotejamento

Alexandra Latypova/Shutterstock

No Brasil, a Resolução n. 54, de 28 de novembro de 2005, do Conselho Nacional de Recursos Hídricos (Brasil, 2006b), contempla definições de alguns termos-chave, necessários para a compreensão da dinâmica do reuso de águas, a saber:

> Art. 2º [...]
> I– **água residuária**: esgoto, água descartada, efluentes líquidos de edificações, indústrias, agroindústrias e agropecuária, tratados ou não;
> II– **reuso de água**: utilização de água residuária;
> III– **água de reuso**: água residuária, que se encontra dentro dos padrões exigidos para sua utilização nas modalidades pretendidas;
> IV– **reuso direto de água**: uso planejado de água de reuso, conduzida ao local de utilização, sem lançamento ou diluição prévia em corpos hídricos superficiais ou subterrâneos; [...]
> (Brasil, 2006b, grifo nosso)

A resolução mencionada está vigente e deve ser observada nas atividades de reuso direto não potável de água, pois estabelece modalidades, diretrizes e critérios gerais para essa prática no Brasil.

Os tipos de reuso também podem ser classificados de acordo com sua aplicação e sua finalidade.

O reuso direto não potável de água, conforme a Resolução n. 54/2005, abrange as seguintes modalidades:

> Art. 3º [...]
> I– **reuso para fins urbanos**: utilização de água de reuso para fins de irrigação paisagística, lavagem de logradouros públicos e veículos, desobstrução de tubulações, construção civil, edificações, combate a incêndio, dentro da área urbana;
> II– **reuso para fins agrícolas e florestais**: aplicação de água de reuso para produção agrícola e cultivo de florestas plantadas;
> III– **reuso para fins ambientais**: utilização de água de reuso para implantação de projetos de recuperação do meio ambiente;
> IV– **reuso para fins industriais**: utilização de água de reuso em processos, atividades e operações industriais; e,

- v- **reuso na aquicultura**: utilização de água de reuso para a criação de animais ou cultivo de vegetais aquáticos. (Brasil, 2006b, grifo nosso)

Ainda quanto à aplicação e à finalidade, o *Guidelines for Water Reuse,* ou *Guia para reuso de água,* publicado pela Agência Americana de Proteção Ambiental (Environmental Protection Agency – EPA, 2004), assim classifica os tipos de reuso:

» **Reuso urbano para fins não potáveis** – Os esgotos tratados apresentam qualidade inferior em relação ao uso potável. A distribuição e a entrega da água reutilizada demandam a instalação de redes internas ou externas específicas, em conjunto com a rede de água potável e o transporte e entrega ao usuário por meio de caminhões-pipa. Nessa modalidade, incluem-se os usos com os propósitos de:
  › irrigação de parques, praças e logradouros públicos e esportivos;
  › irrigação de campos de golfe;
  › irrigação de jardins e áreas verdes e lavagem predial de residências, estabelecimentos comerciais e industriais;
  › lavagem de veículos e ruas;
  › ornamentação, fontes, cachoeiras e espelhos d'água;
  › produção de concreto e lavagem de pisos para evitar a formação de poeira na construção civil;
  › prevenção contra incêndio, como água para hidrantes;
  › descarga de aparelhos sanitários em banheiros residenciais, públicos, de estabelecimentos comerciais e de indústrias.

O reuso urbano é subdividido, ainda, em restrito e irrestrito, de acordo com o grau de restrição de acesso do público a áreas ou a plantas irrigadas (controle da exposição humana).

  › **Reuso urbano irrestrito** – Caracteriza-se pela prática do reuso não potável de água, em que não há restrição ao acesso de pessoas às áreas onde ocorre a reutilização da água. Exemplo: instalações municipais, onde o acesso do público é irrestrito.
  › **Reuso urbano restrito** – Representa o reuso não potável de água, em instalações municipais onde é possível o acesso controlado ou restrito do público, por barreiras físicas ou institucionais.

- » **Reuso industrial** – Os esgotos tratados são utilizados em processos e instalações industriais. Entre as finalidades de usos na indústria cabe citar:
  - › resfriamento;
  - › lavagem de equipamentos e instalações industriais;
  - › cozimento, após tratamento específico;
  - › processos industriais, como por exemplo na aplicação em indústria de papel e celulose, têxtil, química e petroquímica.
- » **Reuso agrícola** – Caracteriza-se pelo emprego dos esgotos tratados na irrigação de culturas alimentícias e não alimentícias, na produção de forrageiras para consumo animal e na prática da hidroponia.
- » **Reuso ambiental e recreacional** – Caracteriza-se pela construção ou recuperação de corpos de água para os seguintes fins:
  - › manutenção da vida aquática e utilização de refúgio e de *habitat* de espécies diversas;
  - › recreação irrestrita, em que há o contato primário com a água reutilizada, como a prática da natação;
  - › recreação restrita, em que há somente o contato secundário com a água reutilizada, como a pesca e a navegação recreativa.
- » **Reuso para manutenção de vazões** – Os esgotos tratados são empregados na manutenção de vazões mínimas para viabilizar os diversos usos, como diluição de efluentes, navegação e preservação da vida aquática. Esse tipo de reuso tem uma importância diferenciada em períodos de estiagem, podendo garantir a quantidade de água necessária para o atendimento das demandas durante todo o ano.
- » **Reuso para recarga de aquíferos subterrâneos** – A recarga artificial de aquíferos subterrâneos com esgotos tratados pode ser efetuada mediante infiltração e percolação no solo ou injeção direta no aquífero. Tem como propósitos: o incremento e o armazenamento de água no aquífero para usos na forma potável ou não potável; o complemento no tratamento de efluentes, controle de ocorrência de subsidências no solo; e o estabelecimento de barreira contra a intrusão de cunha salina em aquíferos costeiros.
- » **Reuso para suprimento de água potável** – Inserem-se nessa tipologia as modalidades do uso indireto potável pelo suprimento em

águas superficiais e recarga de aquíferos subterrâneos com uso direto potável. São fatores fundamentais para o reuso para fins potáveis:
> a adoção de processos de tratamento avançado;
> o estabelecimento de critérios e parâmetros analíticos mais abrangentes na avaliação de poluentes no efluente, no meio ambiente e na água potável servida;
> o controle dos demais usos dos corpos hídricos utilizados para diluição e depuração dos esgotos tratados.

No Brasil, o reuso potável direto ainda não tem sido recomendado, em razão da dificuldade de caracterização detalhada das águas residuárias, podendo representar um risco à saúde humana.

6.2 Regulamentação e critérios de qualidade

Os critérios de qualidade para a água de reuso associam-se a requisitos específicos, de acordo com o fim a que esse recurso se destina, sempre tendo em vista aspectos ambientais e estéticos, além da proteção da saúde pública. Também apresentam diferenças entre países industrializados e países em desenvolvimento, considerando-se as tecnologias disponíveis, a viabilidade econômica e o nível geral da saúde populacional.

É necessário, portanto, adequar as características da água de reuso aos padrões de qualidade compatíveis com os usos pretendidos, o que é viabilizado por operações e processos unitários de tratamento capazes de remover os contaminantes presentes.

No Brasil, como já citado, inicialmente a regulamentação do reuso direto não potável de água foi feita por meio da Resolução n. 54/2005 (Brasil, 2006b). Em 16 de dezembro de 2010, foi sancionada a Resolução n. 121, a qual estabelece critérios e diretrizes para a aplicação de reuso direto não potável de água, na modalidade agrícola e florestal (Brasil, 2010).

De acordo com a Resolução Conama n. 357, de 17 de março de 2005 (Brasil, 2005b), as águas servidas que atingem os níveis determinados pelo órgão regulamentador para atender à classe 2 (águas destinadas ao abastecimento humano após tratamento simplificado e recreação de contato primário) podem ser aproveitadas para irrigação de hortaliças e plantas frutíferas. Vale salientar que os esgotos sanitários podem conter microrganismos patogênicos, incluindo diferentes espécies e gêneros de bactérias, protozoários, ovos de helmintos e vírus. Assim, é importante ponderar-se os riscos à saúde humana e ambiental na prática do reuso para fins agropecuários.

De fato, o principal risco à saúde associado ao reuso agrícola é a possibilidade de contaminação das plantas irrigadas e do solo por elementos tóxicos ou microrganismos patogênicos presentes nas águas residuárias (Tabela 6.1). Esses microrganismos podem infectar o homem pelo contato direto com as plantas regadas ou pela ingestão de produtos provenientes de animais contaminados.

Tabela 6.1 – Concentrações usuais de organismos patogênicos e indicadores de contaminação em esgotos sanitários

Microrganismo	Densidade
Escherichia coli	$10^6 - 10^8 \, 100 \, mL^{-1}$
Salmonella spp.	$1 - 10^4 \, 100^{-1} \, mL^{-1}$
Shigella spp.	$1 - 10^3 \, 100^{-1} \, mL^{-1}$
Vibrio cholerae	$10 - 10^4 \, 100^{-1} \, mL^{-1}$
Cistos de *Giardia* spp.	$10^2 - 10^4 \, L^{-1}$
Oocistos de *Cryptosporidium* spp.	$10^1 - 10^2 \, L^{-1}$
Ovos de helmintos	$10^1 - 10^3 \, L^{-1}$
Vírus	$10^2 - 10^5 \, L^{-1}$

Fonte: Bastos, 2006, p. 10.

De acordo com a Tabela 6.1, a *Escherichia coli* é o microrganismo patogênico encontrado em maior quantidade em esgotos sanitários. Contudo, outros microrganismos oferecem elevado risco de contaminação ainda que costumem se apresentar em menores quantidades (Bastos, 2006). É o caso dos ovos de helmintos, parasitas vermiformes que causam diversas doenças em seres humanos e têm alta incidência em climas temperados. Ovos de helmintos são muito resistentes às condições adversas do ambiente, mantendo-se viáveis por muitos anos. Ainda, por sua baixa dose infectante, as doenças associadas a esses parasitas podem ocorrer mesmo com a ingestão de um único ovo, ao passo que é necessária uma grande quantidade de *E. coli* para que um indivíduo contaminado desenvolva a patologia associada à bactéria.

Assim, apenas a presença de microrganismos no ambiente não necessariamente representa alto risco de contaminação e, consequentemente, o desenvolvimento de alguma patologia. O risco real depende de algumas condições, a saber:

> (a) o organismo patogênico excretado deve alcançar o meio ambiente em quantidades correspondentes à sua dose infectante, ou multiplicar-se no meio ambiente e atingir a dose infectante; (b) a dose infectante necessita alcançar um hospedeiro humano ou animal; (c) o hospedeiro deverá infectar-se; (d) a infecção deve progredir, culminando em doença ou transmissão posterior (casos secundários). (Bevilacqua; Bastos, 2009, p. 483)

As três primeiras premissas (a, b e c) constituem o que é convencionalmente denominado *risco potencial* (ou perigo) à saúde, e a última premissa (d) constitui o chamado *risco real* (ou simplesmente risco) à saúde, ou seja, referem-se à probabilidade de ocorrência de casos de doença. A existência de risco potencial não necessariamente implica o desenvolvimento da patologia. Caso a infecção não progrida e o indivíduo não adoeça, o risco à saúde permanece sendo potencial.

As diretrizes da Agência Americana de Proteção Ambiental (EPA, 2004) e da Organização Mundial da Saúde (WHO, 2006), atualizadas constantemente, são as principais referências mundiais de critérios de qualidade microbiológica para o reuso de água.

Em 1973, a Organização Mundial de Saúde (OMS) desenvolveu diretrizes relacionadas aos métodos de tratamento de efluentes, visando à proteção da saúde pública, no documento intitulado *Reuse of Effluents: Methods of Wastewater Treatment and Public Health Safeguards* (Reuso de efluentes: métodos de tratamento de esgotos e salvaguarda da saúde pública – WHO, 1973). Com base em estudos epidemiológicos, essas diretrizes foram atualizadas em 1989, sendo propostos critérios para o reuso na agricultura e na aquicultura, publicados no documento intitulado *Health Guidelines for the Use of Wastewater in Agriculture and Aquaculture* (Diretrizes de saúde para o uso de esgotos na agricultura e aquicultura – WHO, 1989).

Em setembro de 2006, foi publicado pela OMS o documento *Guidelines for the Safe Use of Wastewater, Excreta and Greywater* ("Diretrizes para o uso seguro de esgotos, excretas e águas cinzas", em tradução literal), com o enfoque em uso de águas residuárias, excretas e águas cinzas[1] (WHO, 2006).

---

1 *Águas cinzas* são aquelas provenientes de chuveiros, lavatórios, máquinas de lavar roupas, entre outras fontes domésticas, com exceção do vaso sanitário.

As diretrizes microbiológicas recomendadas pela OMS com relação às formas de tratamento para a redução de patógenos e do número de coliformes termotolerantes para irrigação restrita e irrestrita podem ser observadas na Tabela 6.7, a seguir.

Tabela 6.2 – Diretrizes microbiológicas recomendadas para uso de esgotos na agricultura e monitoramento do tratamento de efluentes

Tipo de irrigação	Opção para redução de patógenos	Redução de patógenos necessária por tratamento (unidade log)	Verificação do nível de monitoramento (E. Coli por 100 ml)	Observações
Irrestrita	A	4	$\leq 10^3$	Cultivo de raízes
	B	3	$\leq 10^4$	Cultivo de folhas
	C	4	$\leq 10^5$	Irrigação por gotejamento para cultivo de alto crescimento
	D	4	$\leq 10^3$	Irrigação por gotejamento para cultivo de baixo crescimento
	E	6 ou 7	$\leq 10^1$ ou 10^0	Níveis de verificação dependem das exigências da agência reguladora local [1]
Restrita	F	4	$\leq 10^4$	Agricultura com intensa mão de obra humana
	G	3	$\leq 10^5$	Agricultura altamente mecanizada
	H	0,5	$\leq 10^6$	Remoção de patógenos em tanque séptico

(1) Por exemplo, para tratamento secundário, filtração e desinfecção: DBO < 10 mg · L^{-1}; Turbidez < 2 UT; Cloro residual = 1,0 mgL^{-1}; pH entre 6-9 e coliformes termotolerantes não detectáveis em 100 mL.
A, B – Tratamento + *die-off* (redução de 2 unidades log. patógenos antes da última irrigação e consumo) + lavagem do produto antes do consumo (redução de 1 unidade).
C, D – Tratamento + irrigação por gotejamento
E – Tratamento avançado
F, G, H – Tratamento + irrigação subsuperficial

Fonte: WHO, 2006, p. 27, tradução nossa.

De acordo com os dados da Tabela 6.2, para que uma irrigação com água de reuso possa ser aplicada de forma irrestrita, isto é, sem se limitar o acesso do público, é necessário que tenha uma baixa concentração de patógenos, que pode ser verificada pelo índice do microrganismo indicador de *E. coli*. Assim, as concentrações de patógenos devem ser reduzidas para que a água de reuso possa ser aplicada de forma segura nos cultivos agrícolas, principalmente naqueles em que partes comestíveis dos produtos fiquem em contato direto com a irrigação.

Na Tabela 6.3 são apresentadas as diretrizes de qualidade da água para os parâmetros físico-químicos conforme determina a OMS.

Tabela 6.3 – Qualidade da água de reuso para irrigação

Parâmetro	Nota	Unidade	Grau de restrição ao uso		
			Nenhum	Pouco a moderado	Severo
Salinidade (EC_w)	-	-	< 0,7	0,7 – 3,0	> 3,0
SDT	-	$mg \cdot L^{-1}$	< 450	450 – 2.000	> 2.000
SST	-	$mg \cdot L^{-1}$	< 50	50 – 100	> 100
RAS	0-3	$mEq \cdot L^{-1}$	> 0,7 EC_w	0,7 – 0,2 EC_w	< 0,2 EC_w
RAS	3-6	$mEq \cdot L^{-1}$	> 1,2 EC_w	1,2 – 0,3 EC_w	< 0,3 EC_w
RAS	6-12	$mEq \cdot L^{-1}$	> 1,9 EC_w	1,9 – 0,5 EC_w	< 0,5 EC_w
RAS	12-20	$mEq \cdot L^{-1}$	> 2,9 EC_w	2,9 – 1,3 EC_w	< 1,3 EC_w
RAS	20-40	$mEq \cdot L^{-1}$	> 5,0 EC_w	5,0 – 2,9 EC_w	< 2,9 EC_w
Na^+	Irrigação por aspersão	$mEq \cdot L^{-1}$	< 3	> 3	
Na^+	Irrigação superficial	$mEq \cdot L^{-1}$	< 3	3 – 9	> 9
Cl^-	Irrigação por aspersão	$mEq \cdot L^{-1}$	< 3	> 3	
Cl^-	Irrigação superficial	$mEq \cdot L^{-1}$	< 4	4 – 10	> 10
Cl_2	Residual total	$mg \cdot L^{-1}$	< 1	1 – 5	> 5

(continua)

(Tabela 6.3 – conclusão)

Parâmetro	Nota	Unidade	Grau de restrição ao uso		
			Nenhum	Pouco a moderado	Severo
HCO_3^-	-	$mg \cdot L^{-1}$	< 90	90 – 500	> 500
B	-	$mg \cdot L^{-1}$	< 0,7	0,7 – 3,0	> 3,0
H_2S	-	$mg \cdot L^{-1}$	< 0,5	0,5 – 2,0	> 2,0
Fe	Irrigação por gotejamento	$mg \cdot L^{-1}$	< 0,1	0,1 – 1,5	> 1,5
Mn	Irrigação por gotejamento	$mg \cdot L^{-1}$	< 0,1	0,1 – 1,5	> 1,5
Nitrogênio total	-	$mg \cdot L^{-1}$	< 5	5 – 30	> 30
pH	-	-	Faixa usual entre 6,5 a 8,0		

ECw – condutividade elétrica em decisiemens por metro a 25 °C
RAS – taxa de adsorção do sódio [$(meqL^{-1})1/2$]
Fonte: Elaborado com base em Ayers; Westcot, 1985; 1999; WHO, 2006.

A seguir, o Quadro 6.1 expressa os limites estabelecidos para os níveis de elementos-traço na água de reuso utilizada na irrigação.

Quadro 6.1 – Limites estabelecidos para os níveis de elementos-traço na água de reuso utilizada na agricultura

Elemento	Observações
Alumínio	Pode provocar falta de produtividade em solos ácidos (pH < 5,5), mas em solos mais alcalinos (pH > 7,0) precipita o íon e elimina qualquer toxicidade.
Arsênico	Toxicidade para extensa variedade de plantas, numa faixa que se estende de 12,0 mgL^{-1}, no caso de gramínea sudanesa, a menos de 0,05 mgL^{-1}, no caso de arroz.
Berílio	Toxicidade para extensa variedade de plantas, numa faixa entre 5,0 $mg \cdot L^{-1}$, no caso de couve, a menos de 0,5 mgL^{-1}, no caso de feijão.
Cádmio	Tóxico para feijão, beterraba e nabo em concentrações tão baixas quanto 0,1 mgL^{-1} em solução de nutrientes. Limites conservativos são recomendados, em virtude de seu potencial para acumulação nas plantas e no solo.
Cobalto	Toxicidade para tomate a 0,1 mgL^{-1} em solução de nutrientes. Tende a ser inerte em solos neutros e alcalinos.

(continua)

(Quadro 6.1 – conclusão)

Elemento	Observações
Cromo	Não é conhecido como um elemento essencial ao crescimento. Limites conservativos são recomendados devido à falta de conhecimento de sua toxicidade em plantas.
Cobre[b]	Tóxico para diversas plantas entre 0,1 e 1,0 mgL^{-1} em solução de nutrientes.
Fluoreto	Inerte em solos neutros e alcalinos.
Ferro[b]	Não é tóxico para plantas em terreno aerado, mas pode contribuir para a acidificação do solo e para a perda da disponibilidade essencial de fósforo e molibdênio. A aspersão aérea pode resultar em depósitos sobre plantas, equipamentos e edificações, causando danos à aparência.
Lítio	Tolerado pela maioria das culturas até 5 mgL^{-1}; mobilidade no solo. Tóxico para plantas cítricas em baixas concentrações (< 0,075 mgL^{-1}). Atua de forma similar ao boro.
Manganês[b]	Tóxico para diversas culturas de poucos décimos a poucos mgL^{-1}, mas usualmente apenas para solos ácidos.
Molibdênio	Não é tóxico para plantas em concentrações normais encontradas no solo e na água. Pode ser tóxico para a criação animal se a pastagem crescer em solo com alta concentração disponível de molibdênio.
Níquel	Tóxico para diversas plantas entre 0,5 e 1,0 mgL^{-1}; a toxicidade é reduzida em pH neutro ou alcalino.
Chumbo	Pode reduzir o crescimento celular da planta em altas concentrações.
Selênio	Tóxico para as plantas numa concentração tão baixa quanto 0,025 mgL^{-1} e tóxico para a criação animal se a pastagem cresce em solo com níveis relativamente altos de selênio adicionado. Essencial para animais, porém em concentrações muito baixas.
Vanádio	Tóxico para várias plantas em concentrações relativamente baixas.
Zinco[b]	Tóxico para diversas plantas em uma vasta faixa de concentração; Toxicidade reduzida para pH > 6 e em solos de textura fina ou orgânica.

A concentração máxima é baseada na taxa de aplicação da água que está em conformidade com as boas práticas de irrigação (5.000 - 10.000 m^{3}ha^{-1}ano^{-1}). Quando a taxa de aplicação da água excede essas quantidades, a concentração máxima deve ser decrescida adequadamente. Nenhum ajuste deve ser feito para taxas de aplicação menores que 10.000 m^{3}ha^{-1}ano^{-1}.

As ações sinergéticas do cobre e do zinco e as ações antagônicas do ferro e do manganês têm sido relatadas na adsorção de certas espécies de plantas e na tolerância de metais após irrigação com efluente. Se a água de irrigação contiver altas concentrações de cobre e zinco, pode haver um acúmulo ainda maior. Já em plantas irrigadas com água que contém manganês em abundância, o teor desse mineral tende a aumentar e, consequentemente, a carga de ferro no tecido da planta pode reduzir consideravelmente. Geralmente, a profusão de metais no tecido das plantas aumenta com a água de irrigação e, nas raízes, os acúmulos são usualmente mais altos que nas folhas.

Nos Estados Unidos, diretrizes para o nível de tratamento e critérios de qualidade de água para vários tipos de reuso foram publicados pela Agência Americana de Proteção Ambiental (EPA). Diversos estados adotaram normas e critérios de qualidade de água específicos, sendo os mais difundidos aqueles aplicados no estado da Califórnia, e denominados como *California Code of Regulations – Title 22* (Código de Regulamentos da Califórnia – Título 22*)*.

No Brasil, São Paulo é o estado que tem mais experiência e maior oferta de água de reuso para fins urbanos. Na região metropolitana da capital paulista, esse recurso planejado vem sendo realizado pela Companhia de Saneamento de São Paulo (Sabesp) desde 1997. Inicialmente, o reuso ocorreu nas próprias dependências da companhia, em diversas fases do processo nas estações de tratamento de esgoto (ETEs). Mais tarde, a companhia propôs a realização dessa prática em atividades urbanas mais restritas, abrangendo áreas verdes com acesso limitado ao público, faixas decorativas ao longo das avenidas e lavagem de ruas e logradouros. A água utilizada é oriunda do tratamento secundário de esgotos, seguido de filtração e desinfecção. Para evitar o comprometimento da qualidade da água de reuso, são realizados monitoramentos constantes com o propósito de garantir que não haja lançamentos industriais no sistema de esgotos domésticos. Na Tabela 6.4, encontram-se os parâmetros de monitoramento adotados pela Sabesp e algumas considerações.

Apesar do grande potencial de aplicação de águas de reuso no Brasil, a falta de um instrumento de regulamentação pode gerar insegurança quanto ao aspecto legal, principalmente por parte dos órgãos gestores de recursos hídricos e órgãos responsáveis pelo licenciamento ambiental, assim como em razão da desmotivação por parte dos potenciais produtores de água recuperada. Procurando sanar parte dessas dificuldades, o município de São Paulo instituiu, por meio da Lei Municipal n. 14.018, de 28 de junho de 2005 (São Paulo, 2005), o Programa de Conservação, Uso Racional e Reuso em edificações, regulamentado, posteriormente, pelos Decretos n. 47.279, de 16 de maio de 2006, e n. 47.731, 28 de setembro de 2006 (São Paulo, 2006a, b). Em âmbito nacional, porém, a regulamentação desse artifício ainda é bastante deficiente, o que torna essencial a elaboração e a aplicação de normas mais compreensivas e que forneçam maior segurança jurídica na utilização do recurso.

Tabela 6.4 -- Parâmetros de reuso urbano utilizados pela Sabesp (2005) e considerações para sua adoção

Parâmetros	Frequência de monitoramento	Considerações
Cloro residual livre (CRL): - 2 a 10 mgL^{-1}	Monitoramento contínuo	Considerou-se a faixa de 2 a 10 mgL^{-1}, pois existe maior probabilidade de inativação de vírus em concentrações superiores a 5 mgL^{-1}. Porém, para utilização em irrigação de áreas verdes, deve-se efetuar a "descloração" da água de reuso, para valores inferiores a 5 mgL^{-1}.
DBO < 25 mgL^{-1}	DBO: em 95% das amostras, com frequência semanal	Tecnicamente, valores muito elevados de DBO devem ser controlados para evitar o desenvolvimento de microrganismos e maus odores, principalmente em dias muito quentes.
SST < 35 mgL^{-1}	Em 95% das amostras, com frequência semanal	A presença de concentrações elevadas de sólidos pode levar ao desenvolvimento de maus odores, devido à degradação, eventualmente anaeróbia, desses sólidos. Eles podem também servir de substrato para o desenvolvimento de microrganismos e outros vetores associados à transmissão de doenças.
Turbidez < 20 UT	Monitoramento contínuo	Não só por questões estéticas, mas também como indicador da presença de sólidos e matéria orgânica na desinfecção.
Coliformes termotolerantes < 200 NMP100 mL^{-1}	Três vezes por semana, sendo que 80% das amostras devem estar dentro do limite especificado	Critérios baseados no CONAMA n. 20, EPA (1998) e OMS (1989).

(continua)

(Tabela 6.4 – conclusão)

Parâmetros	Frequência de monitoramento	Considerações
pH	Monitoramento contínuo	-
Helmintos (ovoL^{-1})	-	(1)
Óleos e graxas	Virtualmente ausentes	-

(1) Ovos de helmintos não são monitorados pela Sabesp.
Fonte: Semura et al., citado por Pompeo, 2007, p. 99.

No documento *Guidelines for Water Reuse* (Diretrizes de reuso da água - EPA, 2012) encontram-se as diretrizes estadunidenses para reuso de água para fins urbanos, utilizando efluentes tratados. Nos Estados Unidos, há também regulamentações estaduais específicas para essa prática em diferentes estados, dependendo da finalidade de uso e demanda local. A Tabela 6.5 apresenta um comparativo entre os critérios definidos pela EPA (2004) e aqueles adotados pela Sabesp (2005), considerando-se o reuso urbano de águas.

Tabela 6.5 – Critérios adotados para reuso urbano

Parâmetros	ETE Martinópolis (média)	Sabesp	Atende	EPA (2004)[1]	Atende
Coliformes termotolerantes	1,04E + 02	< 200 NMP 100 mL^{-1}	Sim	não detectáveis 100 mL^{-1}	Não
Cloro residual livre	-	2-10 mgL^{-1}	-	≥ 1 mgL^{-1}	-
pH	7,8[2]	entre 6 e 9	Sim	6 a 9	Sim
DBO	58	< 25 mgL^{-1}	Não	10 mgL^{-1}	Não
SST	52	< 35 mgL^{-1}	Não	-	-
Turbidez	-	< 20 UT	-	< 2 UT	-
Ovos de helmintos	Considerado ausente	-	-	Ausente	Sim
Óleos e graxas	-	< 15 mgL^{-1}	-	-	-

NOTA: A água de reuso não deve possuir odor e cor.
- Parâmetro não monitorado ou não consta nos critérios.
[1] Por exemplo, para tratamento secundário, filtração e desinfecção: DBO$_5$ < 10 mgL^{-1}; Turbidez < 2 UT; Cloro residual = 1,0 mgL^{-1}; pH entre 6-9 e coliformes termotolerantes não detectáveis em 100 mL.
Fonte: Pompeo, 2007, p. 116.

Reuso de água

Observando-se os valores limítrofes apresentados na Tabela 6.5, é possível afirmar que os critérios da EPA são mais restritivos do que aqueles adotados pela Sabesp. Como apresentado anteriormente, as especificações dos parâmetros da água de reuso podem variar consideravelmente entre países, conforme fatores como o desenvolvimento tecnológico de sistemas de tratamento e a finalidade de uso da água recuperada.

Considerando-se as atividades industriais, as principais aplicações de águas de reuso ocorrem em torres de resfriamento, lavagem de peças e equipamentos, lavagem de gases de chaminé, construção pesada, além da irrigação de áreas verdes e lavagem de pisos.

A Tabela 6.6 apresenta os padrões recomendados pela EPA (2004) para água em sistemas industriais de resfriamento.

Tabela 6.6 – Diretrizes para reuso de água industrial

Tipo de resfriamento	Tratamento recomendado	Qualidade da água[1]	Monitoramento	Distância mínima de segurança[2]	Comentários
Resfriamento em única passagem (circuito aberto)	Secundário. Desinfecção.	pH = 6 a 9 DBO ≤ 30 mgL^{-1} STD ≤ 30 mgL^{-1} CTT ≤ 200100 mL$^{-1\,4,5}$ CRL 1 mgL^{-1} (mínimo)[3]	pH – semanal DBO – semanal Turbidez – diário CTT – diário CRL – contínuo	90 metros das áreas acessíveis ao público.	O vapor/spray levado pelo vento não deve alcançar áreas acessíveis aos trabalhadores e ao público.
Recirculação em torres de resfriamento	Secundário. Desinfecção (coagulação química e filtração podem ser necessárias).	DBO ≤ 30 mgL^{-1} STD ≤ 30 mgL^{-1} CTT ≤ 200100 mL$^{-1\,4,5}$ CRL 1 mgL^{-1} (mínimo)[3]	pH – semanal DBO – semanal Turbidez – diário CTT – diário CRL – contínuo	90 metros das áreas acessíveis ao público. Essa restrição pode ser eliminada se uma desinfecção mais severa for realizada.	- O vapor/spray levado pelo vento não deve alcançar áreas acessíveis aos trabalhadores e ao público; - Tratamento adicional é habitualmente empregado por usuários para prevenir incrustações, corrosão, atividade biológica, entupimento e espuma.
Outros usos industriais	Depende das especificações locais de cada usuário				

[1] Salvo notações diferentes, a aplicação dos limites de qualidade recomendados para água recuperada é no ponto de descarte das instalações de tratamento.
[2] São recomendadas distâncias mínimas para proteger as fontes de água potável de contaminações, e para salvaguardar pessoas de riscos à saúde, devido à exposição à água recuperada.
[3] Tempo mínimo de contato: 30 minutos.
[4] Baseado numa média de 7 dias (técnicas usadas: fermentação em tubos ou filtro membranas).
[5] O número de CTT não deve exceder 800100 mL^{-1} em nenhuma amostra. Algumas lagoas de estabilização podem estar aptas a atingir esses limites de coliformes sem desinfecção.
Fonte: EPA, 2004.

O uso de sistemas de reuso nas indústrias é vantajoso tanto do ponto de vista ambiental quanto econômico. Isso porque muitos processos industriais demandam grandes volumes de água, gerando muitos efluentes. Ao utilizar esses rejeitos, após tratamento adequado e em processos que não exigem qualidade superior da água, como nas torres de resfriamento, garante-se que águas mais puras e com custo de produção mais elevado sejam destinadas às etapas produtivas mais importantes; outra vantagem é a redução do lançamento desses materiais em corpos hídricos receptores.

Síntese

A poluição das águas, associada a problemas de escassez hídrica – física e econômica – no mundo todo conduz à necessidade de se encontrar soluções mais racionais e de menor impacto ambiental para a obtenção desse recurso.

Neste capítulo, discutimos o reuso de águas e seu potencial de aplicação em atividades urbanas, agrícolas e industriais. Explicitamos também os critérios e os parâmetros para a utilização segura de águas recuperadas, minimizando os riscos potenciais de contaminação com microrganismos.

Apesar de ser uma forma mais sustentável e econômica de obtenção de água, a regulamentação dessa prática no Brasil ainda é deficiente, prejudicando os investimentos na área e a disseminação de novas tecnologias de tratamento dos efluentes destinados à reutilização.

Questões para revisão

1. (FCC – 2016 – Prefeitura de Teresina/PI) Considere as seguintes situações que envolvem o reuso da água.
   Situação I - Uso da água do banho na descarga sanitária.
   Situação II - Uso de água que sai do sistema de tratamento de esgoto para o resfriamento de caldeiras.
   Situação III - Coleta de água de rio para uso na lavagem de máquinas a jusante do ponto de descarregamento de água de uma estação de tratamento de esgoto.

A classificação dos tipos de água de reuso das situações I, II e III são, respectivamente:
a. reuso potável direto, reuso potável indireto, reciclagem.
b. reciclagem, reuso direto, reuso indireto.
c. reuso não potável para fins industriais, reuso indireto, reuso direto.
d. reuso indireto, reciclagem, descarga de aquíferos.
e. reuso de água residuária, reciclagem, reuso direto.

2. (FGV - 2014 - Prefeitura de Florianópolis/SC) Estima-se que cerca de 70% de toda a água utilizada no mundo vá para a agricultura. No entanto, o reuso da água para irrigação tem sido apontado como uma alternativa para diminuir problemas de abastecimento. Para o reuso da água na irrigação, é necessário atender aspectos sanitários, previstos na Resolução Conama n. 357/2005, que permite o uso das seguintes classes para a irrigação de hortaliças consumidas cruas:
a. águas doces da classe 1 e águas salobras da classe 1.
b. águas doces da classe 2 e águas salinas da classe 1.
c. águas doces das classes 2 e 3.
d. águas salobras da classe 3.
e. águas doces da classe 2, águas salobras da classe 2 e águas salinas da classe 1.

3. (FGV - 2014 - Prefeitura de Florianópolis/SC) Na recente crise de abastecimento hídrico no estado de São Paulo, o reuso da água tem sido apontado como uma opção interessante. Quando se utiliza o reuso indireto, o esgoto tratado é lançado:
a. no ambiente, em águas superficiais ou subterrâneas, como rios e aquíferos.
b. em reservatórios elevados, para suprir os volumes de emergência e de regularização.
c. no sistema de distribuição, conjugado ao reservatório de jusante.
d. em estuários, de modo a reduzir a salinidade e o teor de sódio desses sistemas.
e. em adutoras de distribuição domiciliar, para banhos e limpeza de utensílios.

4. Diante da falta de muitas normatizações ambientais, no Brasil, frequentemente são adotadas normas elaboradas por outros países, com destaque àquelas da Agência de Proteção Ambiental Norte Americana (EPA). Pesquise e responda: É válido, para o Brasil, utilizar regulamentações ambientais de outros países? Por quê?
5. O reuso de água gera diversos benefícios ambientais. Discorra sobre alguns desses benefícios.

Questões para reflexão

1. Realize, por meio de um trabalho de campo, um levantamento dos recursos hídricos empregados em sua residência, que sejam aproveitáveis nos usos de limpeza em geral, descargas domésticas, lavagem de automóveis, entre outros fins.
2. Aproveite a pesquisa da atividade anterior para fazer uma sondagem socioambiental de seu bairro, observando aspectos ambientais da região e as condições de vida dos moradores. Identifique e avalie o saneamento urbano, incluindo o abastecimento de água, a limpeza das ruas, o recolhimento de lixo, a coleta e o tratamento de esgoto e o escoamento pluvial. Relate problemas ambientais, como a poluição visual, a poluição sonora, a contaminação dos recursos hídricos, a falta de áreas verdes e as situações de risco. Se possível, realize registros fotográficos.

Considerações finais

O saneamento ambiental é uma área bastante ampla e de suma importância para o bem-estar e a saúde das populações. Conhecer as questões ambientais e de sustentabilidade é fundamental para analisar o meio ambiente e a problemática da poluição.

Todas as atividades humanas demandam a utilização de água em quantidade e qualidade suficiente para realizá-las. Nesse contexto, as águas residuárias dessas atividades precisam ser coletadas, tratadas e destinadas adequadamente, a fim de promover a saúde e a proteção ambiental. Para atender a essa necessidade, ao longo dos anos foram disponibilizadas tecnologias destinadas a viabilizar tais processos.

O manejo das águas pluviais em centros urbanos requer mecanismos que melhorem as condições da população das cidades, prevenindo os efeitos negativos da incidência de chuvas (alagamentos, inundações, erosões, deslizamentos). Outra demanda importante é o desenvolvimento e a implantação de projetos de manutenção da qualidade de rios e lagos. Adicionalmente, uma medida relevante é o reuso das águas com a aplicação das respectivas tecnologias como uma alternativa para driblar a escassez de água disponível para as atividades humanas, sobretudo em áreas em que esse problema representa um obstáculo para atividades econômicas e de subsistência.

Mesmo tendo abordado todos esses temas neste livro, nosso intuito aqui foi compilar o conhecimento básico sobre o saneamento ambiental, direcionado, principalmente, aos alunos de cursos técnicos e de graduação, tanto na formação tecnológica quanto no bacharelado. Além do conteúdo teórico, disponibilizamos no decorrer da obra curiosidades, exercícios resolvidos, demonstrações de cálculos e atividades práticas ao longo do texto.

Nosso objetivo não foi reunir todas as informações sobre ao saneamento ambiental, mas ser um ponto de partida para o leitor em seu primeiro contato com a temática. O saneamento ambiental é bem abrangente e existem vastas oportunidades de aprofundamento do conhecimento. Novas tecnologias estão surgindo a cada dia, e a busca por atualizações sobre essas inovações é fundamental para aperfeiçoar o que foi tratado nesta obra.

Lista de siglas

ABNT – Associação Brasileira de Normas Técnicas
ANA – Agência Nacional de Águas e Saneamento Ambiental
BNH – Banco Nacional de Habitação
Cesb – Companhias Estaduais de Saneamento Básico
CFC – clorofluorcarbono
CHV – Carga hidráulica volumétrica
CMMAD – Comissão Mundial para o Meio Ambiente e Desenvolvimento
Conama – Conselho Nacional do Meio Ambiente
COT – Carbono orgânico total
COV – Carga orgânica volumétrica
Cp – carga poluidora
CT – Coliformes termotolerantes
DAFA – Digestor anaeróbio de fluxo ascendente
DBO – Demanda bioquímica de oxigênio
DQO – Demanda química de oxigênio
EPA – Environmental Protection Agency (em português, Agência de Proteção Ambiental)
ETA – Estação de tratamento de água
ETE – Estação de tratamento de esgotos
FGTS – Fundo de Garantia do Tempo de Serviço
FiME – Filtração em múltiplas etapas
Funasa – Fundação Nacional da Saúde
IBGE – Instituto Brasileiro de Geografia e Estatística
IDF – Equação de intensidade-duração-frequência
IQAr – Índice de qualidade do ar
Ipea – Instituto de Pesquisa Econômica Aplicada
k1 – Coeficiente de variação máxima diária
k2 – Coeficiente de variação máxima horária
LDNSB – Lei de Diretrizes Nacionais para o Saneamento Básico
m.c.a – Metros de coluna de água
NBR – Norma Brasileira Regulamentadora
NMP – Número mais provável
OD – Oxigênio dissolvido
ODM – Objetivos de Desenvolvimento do Milênio
ODS – Objetivos de desenvolvimento sustentável

ONG – Organização não governamental
ONU – Organização das Nações Unidas
PAC – Policloreto de alumínio
pH – potencial hidrogeniônico
Planasa – Plano Nacional de Saneamento Básico
Plansab – Plano Nacional de Saneamento Básico
PMSS – Programa de Modernização do Setor de Saneamento
Proam – Instituto Brasileiro de Proteção Ambiental
PNSR – Plano Nacional de Saneamento Rural
PTS – partículas totais em suspensão
PVC – Policloreto de polivinila
Q – Vazão
RAFA – Reator anaeróbio de fluxo ascendente
RALF – Reator anaeróbio de lodo fluidizado
SCS – *Soil Conservation Service*
Sesp – Serviço Especial de Saúde Pública
Sidra – Sistema IBGE de Recuperação Automática
Sisnama – Sistema Nacional do Meio Ambiente
SNIS – Sistema Nacional de Informações sobre Saneamento
SNSA – Secretaria Nacional de Saneamento Ambiental
SST – Sólidos suspensos totais
Sucam – Superintendência de Campanhas de Saúde Pública
TAS – Taxa de aplicação superficial
tc – Tempo de concentração
TDH – Tempo de detenção hidráulica
te – tempo de entrada
THM – Trihalometano
tp – tempo de percurso
TR – Taxa de retorno de esgotos
UASB – *Upflow anaerobic sludge blanket* (em português, reator anaeróbio em manta de iodo de fluxo ascendente)
UFC – Unidades formadoras de colônia
Unicef – Fundo das Nações Unidas para a Infância
UT – Unidade de turbidez
UV – Radiação ultravioleta

Referências

ABNT – Associação Brasileira de Normas Técnicas. **NBR 7229**: projeto, construção e operação de sistema de tanques sépticos. Rio de Janeiro, 1993.

ABNT – Associação Brasileira de Normas Técnicas. **NBR 9649**: projeto de redes coletoras de esgoto sanitário. Rio de Janeiro, 1986.

ABNT – Associação Brasileira de Normas Técnicas. **NBR 12216**: projeto de estação de tratamento de água para abastecimento público. Rio de Janeiro, 1992.

ABNT – Associação Brasileira de Normas Técnicas. **NBR 13969**: tanques sépticos: unidades de tratamento complementar e disposição final dos efluentes líquidos: projeto, construção e operação. Rio de Janeiro, 1997.

ANDRADE, D. Políticas públicas: o que são e para que existem. **Politize!**, 4 fev. 2016. Disponível em: <https://www.politize.com.br/politicas-publicas/>. Acesso em: 16 jul. 2020.

AYERS, R. S.; WESTCOT, D. W. Water Quality for Agriculture. Rome: **Food and Agriculture Organization of the United Nations**, v. 29, 1985.

AYERS, R. S.; WESTCOT, D. W. **A qualidade da água na agricultura**. Tradução de H. R. Ghery e J. F. de Medeiros. Campina Grande: UFPB, 1999.

AYOADE, J. O. **Introdução à climatologia para os trópicos**. Rio de Janeiro: Bertrand Brasil, 2010.

AZEREDO, T. **Umidade do ar**. 5 jul. 2011. Disponível em: <http://thiagoazeredoclimatologia.blogspot.com/2011/07/umidade-do-ar.html>. Acesso em: 16 jul. 2020.

AZEVEDO NETTO, J. M. et al. **Técnica de abastecimento e tratamento de água**. São Paulo: Cetesb, 1987. v. 1.

AZEVEDO NETTO, J. M.; FERNÁNDEZ, M. F. **Manual de hidráulica**. São Paulo: Blucher, 2018.

BASTOS, R. K. X. (Coord). **Utilização de esgotos tratados em fertirrigação, hidroponia e piscicultura**. Rio de Janeiro: Abes, 2006. (Projeto Prosab). Disponível em: <https://www.finep.gov.br/images/apoio-e-financiamento/historico-de-programas/prosab/Esgoto-Prosab_-_final.pdf>. Acesso em: 21 jul. 2020.

BEVILACQUA, P. D.; BASTOS, R. K. X. Utilização de esgotos sanitários para produção de alimentos para animais: aspectos sanitários e produtivos. **Revista Ceres**, v. 56, n. 4, p. 480-487, jul./ago. 2009. Disponível em: <https://www.redalyc.org/pdf/3052/305226808015.pdf>. Acesso em: 21 jul. 2020.

BIGARELLA, J. J.; SUGUIO, K. **Ambientes fluviais**. 2. ed. Florianópolis: Ed. da UFSC, 1990.

BOCUHY, C. Os 100 dias do governo no meio ambiente e o Acordo de Escazú. **Página 22**, 15 abr. 2019. Disponível em: <http://pagina22.com.br/2019/04/15/os-100-dias-do-governo-no-meio-ambiente-e-o-acordo-de-escazu/>. Acesso em: 17 jul. 2020.

BORGES, L. Nota das entidades em defesa de uma política urbana de efetivação do direito à cidade. **Terra de Direitos**, 16 jan. 2019. Disponível em: <https://terradedireitos.org.br/noticias/noticias/nota-das-entidades-em-defesa-de-uma-politica-urbana-de-efetivacao-do-direito-a-cidade/23010>. Acesso em: 16 jul. 2020.

BOTELHO, R. G. M.; SILVA, A. S. Bacia hidrográfica e qualidade ambiental. In: VITTE, A. C.; GUERRA, A. J. T. (Orgs.). **Reflexões sobre a geografia física no Brasil**. 4. ed. Rio de Janeiro: Bertrand Brasil, 2010.

BRANCO, S. M. **Hidrobiologia aplicada à engenharia sanitária**. São Paulo: Cetesb, 1978.

BRANCO, S. M. **Água**: origem, uso e preservação. São Paulo: Moderna, 2006.

BRASIL. Lei n. 6.938, de 31 de agosto de 1981. **Diário Oficial da União**, Poder Legislativo, Brasília, DF, 2 set. 1981. Disponível em: <http://www.planalto.gov.br/ccivil_03/LEIS/L6938.htm>. Acesso em: 16 jul. 2020.

BRASIL. Lei n. 8.987, de 13 de fevereiro de 1995. **Diário Oficial da União**, Poder Legislativo, Brasília, DF, 14 fev. 1995a. Disponível em: <http://www.planalto.gov.br/ccivil_03/leis/l8987cons.htm>. Acesso em: 16 jul. 2020.

BRASIL. Lei n. 9.074, de 7 de julho de 1995. **Diário Oficial da União**, Poder Executivo, Brasília, DF, 8 jul. 1995b. Disponível em: <http://legislacao.planalto.gov.br/legisla/legislacao.nsf/Viw_Identificacao/lei%209.074-1995?OpenDocument>. Acesso em: 16 jul. 2020.

BRASIL. Lei n. 11.445, de 5 de janeiro de 2007. **Diário Oficial da União**, Poder Legislativo, Brasília, DF, 8 jan. 2007. Disponível em: <http://www.planalto.gov.br/ccivil_03/_ato2007-2010/2007/lei/l11445.htm> Acesso em: 16 jul. 2020.

BRASIL. Decreto n. 9.759, de 11 de abril de 2019. **Diário Oficial da União**, Poder Executivo, Brasília, DF, 11 abr. 2019. Disponível em: <http://www.planalto.gov.br/ccivil_03/_Ato2019-2022/2019/Decreto/D9759.htm> Acesso em: 16 jul. 2020.

BRASIL. Ministério da Saúde. Fundação Nacional de Saúde. **Cronologia histórica da saúde pública**. Brasília, 7 ago. 2017a. Disponível em: <http://www.funasa.gov.br/cronologia-historica-da-saude-publica>. Acesso em: 16 jul. 2020.

BRASIL. Ministério da Saúde. Fundação Nacional de Saúde. **Manual de saneamento**. 3. ed. rev. Brasília, 2006a. Disponível em: <https://wp.ufpel.edu.br/ccz/files/2016/03/FUNASA-MANUAL-SANEAMENTO.pdf>. Acesso em: 21 jun. 2020.

BRASIL. Ministério da Saúde. Fundação Nacional de Saúde. **Manual de saneamento**. 4. ed. Brasília, 2015. Disponível em: <http://www.funasa.gov.br/documents/20182/38564/Mnl_Saneamento.pdf/ae1d4eb7-afe8-4e70-ae9a-0d2ae24b59ea>. Acesso em: 18 jul. 2020.

BRASIL. Ministério da Saúde. Fundação Nacional de Saúde. **Prestação de contas ordinárias anual**: relatório de gestão do exercício de 2010. Brasília, mar. 2011a. Disponível em: <http://www.funasa.gov.br/site/wp-content/uploads/2011/10/relatorio_2010 .pdf>. Acesso em: 16 jul. 2020.

BRASIL. Ministério da Saúde. Portaria n. 2.914, de 12 de dezembro de 2011. **Diário Oficial da União**, Brasília, DF, 14 dez. 2011b. Disponível em: <https://bvsms.saude.gov.br/bvs/saudelegis/gm/2011/prt2914_12_12_2011.html>. Acesso em: 17 jul. 2020.

BRASIL. Ministério da Saúde. Portaria de Consolidação n. 5, de 28 de setembro de 2017. **Diário Oficial da União**, Brasília, DF, set. 2017b. Disponível em: <https://portalarquivos2.saude.gov.br/images/pdf/2018/marco/29/PRC-5-Portaria-de-Consolida----o-n---5--de-28-de-setembro-de-2017.pdf>. Acesso em: 16 jul. 2020.

BRASIL. Ministério das Cidades. Organização Pan-Americana da Saúde. Programa de Modernização do Setor de Saneamento. **Política e plano municipal de saneamento ambiental**: experiências e recomendações. Brasília, 2005a. Disponível em: <http://bvsms.saude.gov.br/bvs/publicacoes/politica_plano_municipal_saneamento.pdf>. Acesso em: 16 jul. 2020.

BRASIL. Ministério das Cidades. Secretaria Nacional de Saneamento Ambiental. (Org.). **Esgotamento sanitário**: processos de tratamento e reuso de esgotos: guia do profissional em treinamento: nível 2. Brasília, 2008. Disponível em: <https://www.mdr.gov.br/images/stories/ArquivosSNSA/Arquivos_PDF/recesa/processosdetratamentodeesgoto-nivel2.pdf>. Acesso em: 16 jul. 2020.

BRASIL. Ministério das Cidades. Secretaria Nacional de Saneamento Ambiental. **Plano Nacional de Saneamento Básico – Plansab**. Brasília, maio 2013a. Disponível em: <http://www2.mma.gov.br/port/conama/processos/AECBF8E2/Plansab_Versao_Conselhos_Nacionais_020520131.pdf>. Acesso em: 16 jul. 2020.

BRASIL. Ministério do Desenvolvimento Regional. Sistema Nacional de Informações sobre Saneamento. **Banco de dados**. 2013b. Disponível em: <http://www.snis.gov.br/>. Acesso em: 1º mar. 2018.

BRASIL. Ministério do Meio Ambiente. **A camada de ozônio**. Disponível em: <https://www.mma.gov.br/clima/protecao-da-camada-de-ozonio/a-camada-de-ozonio>. Acesso em: 19 jul. 2020.

BRASIL. Ministério do Meio Ambiente. Conselho Nacional de Recursos Hídricos. Resolução n. 54, de 28 de novembro 2005. **Diário Oficial da União**, Brasília, 9 mar. 2006b. Disponível em: <http://www.ceivap.org.br/ligislacao/Resolucoes-CNRH/Resolucao-CNRH%2054.pdf>. Acesso em: 20 jul. 2020.

BRASIL. Ministério do Meio Ambiente. Conselho Nacional de Recursos Hídricos. Resolução n. 121, de 16 de dezembro de 2010. **Diário Oficial da União**, Brasília, 16 dez. 2010. Disponível em: <http://www.ceivap.org.br/ligislacao/Resolucoes-CNRH/Resolucao-CNRH%20121.pdf>. Acesso em: 20 jul. 2020.

BRASIL. Ministério do Meio Ambiente. Conselho Nacional do Meio Ambiente. Resolução n. 357, de 17 de março de 2005. **Diário Oficial da União**, Brasília, DF, 18 mar. 2005b. Disponível em: <https://www.icmbio.gov.br/cepsul/images/stories/legislacao/Resolucao/2005/res_conama_357_2005_classificacao_corpos_agua_rtfcda_altrd_res_393_2007_397_2008_410_2009_430_2011.pdf >. Acesso em: 17 jul. 2020.

BRASIL. Ministério do Meio Ambiente. Conselho Nacional do Meio Ambiente. Resolução n. 430, de 13 de maio de 2011. **Diário Oficial da União**, Brasília, DF, 16 maio 2011c. Disponível em: <http://www2.mma.gov.br/port/conama/legiabre.cfm?codlegi=646>. Acesso em: 17 jul. 2020.

BRASIL. Ministério do Meio Ambiente. Conselho Nacional do Meio Ambiente. Resolução n. 491, de 19 de novembro de 2018. **Diário Oficial da União**, Brasília, DF, 21 nov. 2018. Disponível em: <http://www.in.gov.br/materia/-/asset_publisher/Kujrw0TZC2Mb/content/id/51058895/do1-2018-11-21-resolucao-n-491-de-19-de-novembro-de-2018-51058603>. Acesso em: 16 jul. 2020.

BRUNDTLAND, G. H. Nosso futuro comum – Chamada para ação. **Conservação Ambiental**, v. 14, n. 4, p. 291-294, 1987.

CEPAL – Comissão Econômica para a América Latina e o Caribe. **A América Latina e o Caribe adotam seu primeiro Acordo Regional vinculante para a proteção dos direitos de acesso em assuntos ambientais**. 4 mar. 2018. Disponível em: <https://www.cepal.org/pt-br/ comunicados/america-latina-o-caribe-adotam-seu-primeiro-acordo-regional-vinculante-protecao-direitos>. Acesso em: 16 jul. 2020.

CNI – Confederação Nacional da Indústria. **Universalização do saneamento no Brasil**: problemas, agendas e oportunidades. Brasília, 2014. [versão preliminar]. Disponível em: <http://arquivos.portaldaindustria.com.br/app/conteudo_18/2014/05/09/6396/Eleicoes2014-Documento-Saneamentobsicofinal19maio.pdf>. Acesso em: 2 maio 2020.

CHENG, J. J. et al. An Ecological Quantification of the Relationships between Water, Sanitation and Infant, Child, and Maternal Mortality. **Environmental Health**, v. 11, n. 4, 2012. Disponível em: <https://ehjournal.biomedcentral.com/articles/10.1186/1476-069X-11-4>. Acesso em: 15 jul. 2020.

COPASA – Companhia Mineira de Água e Esgoto. **Tratamento de água**. Disponível em: <http://www.copasa.com.br/wps/portal/internet/agua-de-qualidade/tratamento-da-agua>. Acesso em: 19 jul. 2020.

COSTA, A. M. **Análise histórica do saneamento no Brasil**. Dissertação (Mestrado em Saúde Pública) – Escola Nacional de Saúde Pública, Fundação Oswaldo Cruz: Rio de Janeiro, 1994.

CURITIBANO consome até 365 litros de água por dia. **Diálogo**, Curitiba: Sanepar, ano 33, n. 386, p. 7, jun. 2010. Disponível em: <http://site.sanepar.com.br/sites/site.sanepar.com.br/files/Dialogo386_Junho_2010.pdf>. Acesso em: 20 jun. 2020.

DACACH, N. G. **Saneamento básico**. 3. ed. Rio de Janeiro: Didática e Científica, 1990.

DERÍSIO, J. C. **Introdução ao controle de poluição ambiental**. São Paulo: Cetesb, 1992.

EMÍDIO, T. M.; COIMBRA, J. de A. A. **Meio ambiente e paisagem**. São Paulo: Senac, 2017.

EPA – United States Environmental Protection Agency. **Guidelines for Water Reuse**. Washington, Sep. 2004.

EPA – United States Environmental Protection Agency. **Guidelines for Water Reuse**. Washington, Sep. 2012. Disponível em: <https://www3.epa.gov/region1/npdes/merrimackstation/pdfs/ar/AR-1530.pdf>. Acesso em: 18 jul. 2020.

FALKENMARK, M. The Massive Water Scarcity Now Threatening Africa: Why isn't it Being Addressed? **Ambio**, n. 18, p. 112-118, 1989.

FEDERAL COUNCIL FOR SCIENCE AND TECHNOLOGY. **Oceanographic Research in Federal Government**. Washington, June 1962. Disponível em: <https://www.biodiversitylibrary.org/item/86632#page/7/mode/1up>. Acesso em: 16 jul. 2020.

FIOCRUZ – Fundação Oswaldo Cruz. **A trajetória do médico dedicado à ciência**. Maio 2017. Disponível em: <https://portal.fiocruz.br/trajetoria-do-medico-dedicado-ciencia>. Acesso em: 15 jul. 2020.

HOLTZ, A. C. T. Precipitação. In: PINTO, N. L. S. et al. (Org.). **Hidrologia básica**. São Paulo: Edgard Blucher, 1976. p. 7-35.

IBGE – Instituto Brasileiro de Geografia e Estatística. **Censo Brasileiro de 2010**. Rio de Janeiro: IBGE, 2012.

IBGE – Instituto Brasileiro de Geografia e Estatística. Pesquisa de informações básicas municipais – Munic. **Saneamento básico 2017**. 2017a. Disponível em: <https://www.ibge.gov.br/estatisticas/sociais/protecao-social/10586-pesquisa-de-informacoes-basicas-municipais.html?edicao=21632&t=downloads>. Acesso em: 15 jul. 2020.

IBGE – Instituto Brasileiro de Geografia e Estatística. **Perfil dos municípios brasileiros**: saneamento básico: aspectos gerais da gestão da política de saneamento básico. Rio de Janeiro, 2017b. Disponível em: <https://biblioteca.ibge.gov.br/visualizacao/livros/liv101610.pdf>. Acesso em: 16 jul. 2020.

IBGE – Instituto Brasileiro de Geografia e Estatística. Sistema IBGE de Recuperação Automática. **Banco de tabelas estatísticas**. Disponível em: <https://sidra.ibge.gov.br/home/pms/brasil>. Acesso em: 1º mar. 2018.

IGBP – The International Geosphere-Biosphere Programme. **Biosphere Aspects of the Hydrological Cycle (BAHC)**: the Operational Plan. Report n. 27, Stockholm, 1993.

KIRCHHOFF, V. W. J. H. Surface Ozone Measurements in Amazonia. **Journal of Geophysical Research: Atmospheres**, v. 93, n. D2, p. 1.469-1.476, 1988.

LELIEVELD, J. et al. Cardiovascular Disease Burden from Ambient air Pollution in Europe Reassessed using Novel Hazard Ratio Functions. **European Heart Journal**, v. 40, n. 20, p. 1.590-1.596, May 2019. Disponível em: <https://academic.oup.com/eurheartj/article/40/20/1590/5372326>. Acesso em: 16 jul. 2020.

MANAHAN, S. E. The Atmosphere and Atmospheric Chemistry. In: MANAHAN, S. E. **Fundamentals of Environmental Chemistry**. Boca Raton: CRC Press LLC, 2001. Cap. 14.

MORAES, L. R. S.; BORJA, P. C. Revisitando o conceito de saneamento básico no Brasil e em Portugal. **Revista do Instituto Politécnico da Bahia**, v. 20, p. 5-11, 2007. Disponível em: <http://www.assemae.org.br/artigos/item/download/34_3d8ecb25931ffaf8c65f2f2a30311e6d>. Acesso em: 15 jul. 2020.

NAÇÕES UNIDAS BRASIL. **Objetivo 6**: água potável e saneamento. 2015. Disponível em: <https://nacoesunidas.org/pos2015/ods6/>. Acesso em: 15 jul. 2020.

PARANÁ. Superintendência de Desenvolvimento de Recursos Hídricos e Saneamento Ambiental. Secretaria de Estado do Meio Ambiente e Recursos Hídricos do Paraná. **Plano diretor de drenagem para a bacia do Rio Iguaçu na Região Metropolitana de Curitiba**. Curitiba, 2002. Disponível em: <http://www.aguasparana.pr.gov.br/arquivos/File/pddrenagem/volume7/SUD0107RP_WR001_FI.pdf>. Acesso em: 21 jul. 2020.

PENA, D. S.; ABICALIL, M. T. Saneamento: os desafios do setor e a política de saneamento. In: IPEA – Instituto de Pesquisa Econômica Aplicada. **Infraestrutura: perspectivas de reorganização, saneamento.** Brasília, 1999. p. 107-137.

PEREIRA, R. C.; LIMA, F. C.; REZENDE, D. Relação entre saúde ambiental e saneamento básico. **Revista Científica da Faculdade de Educação e Meio Ambiente**, v. 9, n. 2, p. 852-854, 2018. Disponível em: <http://www.faema.edu.br/revistas/index.php/Revista-FAEMA/article/view/656/677>. Acesso em: 21 jul. 2020.

PNUD BRASIL – Programa das Nações Unidas para o Desenvolvimento. **Os objetivos de desenvolvimento sustentável:** dos ODM aos ODS. 2015. Disponível em: <https://www.br.undp.org/content/brazil/pt/home/post-2015.html>. Acesso em: 15 jul. 2020.

POMPEO, R. P. **Avaliação técnica e econômica da utilização do efluente da ETE Martinópolis – São José dos Pinhais (PR)**. 195 f. Dissertação (Mestrado em Engenharia de Recursos Hídricos e Ambiental) – Universidade Federal do Paraná, Curitiba, 2007. Disponível em: <https://acervodigital.ufpr.br/bitstream/handle/1884/14079/POMPEO%20DISSERTA%c3%87%20%c3%83O.pdf?sequence=1&isAllowed=y>. Acesso em: 21 jul. 2020.

REZENDE, S. C.; HELLER, L. **O saneamento no Brasil:** políticas e interfaces. 2. ed. Belo Horizonte: Ed. da UFMG, 2008.

RIO DE JANEIRO (Município). **Instruções técnicas para elaboração de estudos hidrológicos e dimensionamento hidráulico de sistemas de drenagem urbana.** Rio de Janeiro, 2010. Disponível em: <http://www.rio.rj.gov.br/dlstatic/10112/8940582/4244719/InstrucaoTecnicaREVISAO1.pdf>. Acesso em: 21 jul. 2020.

SACHS, I. **Primeiras intervenções:** dilemas e desafios do desenvolvimento sustentável no Brasil. Rio de Janeiro: Garamond, 2007.

SAMWAYS, G., AISSE, M. M., ANDREOLI, C. V. Tratamento do lodo de tanques sépticos combinado com esgoto sanitário bruto em reatores anaeróbios de manta de lodo em escala piloto. In: CONGRESSO INTERAMERICANO DE INGENIERIA SANITARIA Y AMBIENTAL, 32, 2010. **Anais...** Punta Cana, Rep. Dominicana: AIDIS, 2010. p. 1-8.

SÃO PAULO (Município). Decreto n. 47.279, de 16 de maio de 2006. **Diário Oficial da Cidade**, Poder Executivo, São Paulo, 17 maio 2006a. Disponível em: <https://www.imprensaoficial.com.br/DO/BuscaDO2001Documento_11_4.aspx?link=/2006/diario%2520oficial%2520cidade%2520de%2520sao%2520paulo/maio/17/pag_0003_86EFT0013DAQOe14GK6HCKPDULJ.pdf&pagina=3&data=17/05/2006&caderno=Di%C3%A1rio%20Oficial%20Cidade%20de%20S%C3%A3o%20Paulo&paginaordenacao=10003>. Acesso em: 20 jul. 2020.

SÃO PAULO (Município). Decreto n. 47.731, de 28 de setembro de 2006. **Diário Oficial da Cidade**, Poder Executivo, São Paulo, 29 set. 2006b. Disponível em: <https://www.imprensaoficial.com.br/DO/BuscaDO2001Documento_11_4.aspx?link=/2006/diario%2520oficial%2520cidade%2520de%2520sao%2520paulo/setembro/29/pag_0001_9DJSM193F0R5DeFVKAVAV1O7A3O.pdf&pagina=1&data=29/09/2006&caderno=Di%C3%A1rio%20Oficial%20Cidade%20de%20S%C3%A3o%20Paulo&paginaordenacao=10001>. Acesso em: 20 jul. 2020.

SÃO PAULO (Município). Lei n. 14.018 de 28 de junho de 2005. **Diário Oficial da Cidade**, Poder Legislativo, São Paulo, 29 jun. 2005. Disponível em: <http://legislacao.prefeitura.sp.gov.br/leis/lei-14018-de-28-de-junho-de-2005/consolidado>. Acesso em: 21 jul. 2020.

SÃO PAULO (Município). Fundação Centro Tecnológico de Hidráulica. **Diretrizes básicas para projetos de drenagem urbana no município de São Paulo**. São Paulo, 1999. Disponível em: <http://www.fau.usp.br/docentes/deptecnologia/r_toledo/3textos/07drenag/dren-sp.pdf>. Acesso em: 21 jul. 2020.

SOUSA, A. C. A. de; COSTA, N. do R. Ação coletiva e veto em política pública: o caso do saneamento no Brasil (1998-2002). **Ciência & Saúde Coletiva**, v. 16, n. 8, p. 3.541-3.552, 2011. Disponível em: <https://www.scielo.br/scielo.php?pid=S1413-81232011000900022&script=sci_abstract&tlng=pt>. Acesso em: 17 jul. 2020.

SPERLING, M. von. **Introdução à qualidade das águas e ao tratamento de esgotos**. Belo Horizonte: DESA-UFMG, 2005. (Princípios do Tratamento Biológico de Águas Residuárias, v. 1).

SPERLING, M. von. **Princípios básicos do tratamento de esgotos**. Belo Horizonte: Departamento de Engenharia Sanitária e Ambiental; UFMG, 1996. v. 2.

STUDART, T.; CAMPOS, N. **Gestão das águas**: princípios e práticas. Porto Alegre: ABRH, 2001.

TCHOBANOGLOUS, G.; BURTON, F. L.; STENSEL, H. D. **Wastewater Engineering**: Treatment Disposal Reuse. 4. ed. Nova York: McGraw-Hill, 2003.

TRATA BRASIL. **Perdas de água na distribuição**: causas e consequências. Saiba mais! 16 nov. 2017. Disponível em: <http://www.tratabrasil.org.br/blog/2017/11/16/perdas-de-agua-causa-e-consequencias/>. Acesso em: 18 jul. 2020.

TUCCI, C. E. M. **Hidrologia**: ciência e aplicação. Porto Alegre: Ed. da UFRGS; Brasília: ABRH; São Paulo: Edusp, 1993.

UN – United Nations. **The Millennium Development Goals Report**. 2015. Disponível em: <http://www.un.org/millenniumgoals/2015_MDG_Report/pdf/MDG%202015%20rev%20(July%201).pdf>. Acesso em: 2 maio 2020.

UNICEF – Fundo das Nações Unidas para a Infância. **Mulheres e meninas do mundo gastam 200 milhões de horas por dia coletando água.** 2 fev. 2016. Disponível em: <https://nacoesunidas.org/unicef-mulheres-e-meninas-do-mundo-gastam-200-milhoes-de-horas-por-dia-coletando-agua/>. Acesso em: 17 jul. 2020.

VEROL, A. P.; VOLSCHAN JUNIOR, I. Inventário e análise de padrões de lançamento de esgotos sanitários: visão nacional e internacional. In: SIMPÓSIO BRASILEIRO DE RECURSOS HÍDRICOS, 17., 2007, São Paulo. Disponível em: <http://aquafluxus.com.br/wp-content/uploads/2012/03/ALINE_VEROL.pdf>. Acesso em: 19 jul. 2020.

WHO – World Health Organization. **Guidelines for the Safe Use of Wastewater, Excreta and Greywater.** 2006. (v. 1 – Policy and Regulatory Aspects). Disponível em: <https://www.who.int/water_sanitation_health/publications/gsuweg1/en/>. Acesso em: 21 jul. 2020.

WHO – World Health Organization. **Health Guidelines for the Use of Wastewater in Agriculture and Aquaculture**: Report of a WHO Scientific Group. 1989. Disponível em: <https://apps.who.int/iris/handle/10665/39401>. Acesso em: 21 jul. 2020.

WHO – World Health Organization. Reuse of Effluents: Methods of Wastewater Treatment and Health Safeguards. Report of a WHO Meeting of Experts. **Technical Report Series n. 517**, Genebra, 1973.

WRI – World Resources Institute. **Ranking the World's Most Water-Stressed Countries in 2040.** 26 Aug. 2015. Disponível em: <https://www.wri.org/blog/2015/08/ranking-world-s-most-water-stressed-countries-2040>. Acesso em: 15 jul. 2020.

Respostas

Capítulo 1

Questões para revisão

1. b
2. a
3. c
4. Espera-se um texto dissertativo que:
   a) aborde pelo menos duas das seguintes consequências:
      - aumento da emissão de poluentes atmosféricos;
      - aumento da emissão de gases de efeito estufa (CO_2 – dióxido de carbono, CO – monóxido de carbono, O_3 – ozônio);
      - aumento da poluição visual e sonora;
      - aumento da temperatura local e global;
      - aumento do consumo de combustíveis;
      - aumento de problemas de saúde (cardíaco, respiratório, dermatológico);
      - aumento da frota de veículos, que acarreta congestionamentos urbanos;
      - diminuição de áreas verdes;
      - desmatamento;
      - aumento das áreas impermeabilizadas resultando em enchentes, diminuição da infiltração da água e recarga de lençóis freáticos;
      - elevação dos custos de manutenção das cidades (metroferrovias, rodovias, tratamento de água, limpeza da cidade e outros usos);
      - necessidade de ampliação de vias trafegáveis;
      - necessidade de ampliação de áreas de estacionamento.
   b) aborde duas das seguintes intervenções:
      - construção de vias exclusivas para bicicletas (ciclovias e ciclofaixas);
      - proposição de formas de integração entre o transporte por bicicletas, o metroviário e os ônibus coletivos, a fim de garantir segurança e conforto em momentos de adversidades climáticas e relevo acidentado;
      - pontos de aluguel e/ou empréstimo de bicicleta;
      - construção de bicicletários;
      - investimento na segurança pública;

- políticas de incentivo ao uso de bicicleta (educação ambiental, qualidade de vida, saúde, propaganda);
- implementação de políticas de crédito e de redução do custo das bicicletas.

Capítulo 2

Questões para revisão

1. a
2. c
3. a
4. C, E, C, E, C.
5. O PSB é um estudo voltado aos serviços de saneamento – água, efluentes, resíduos e drenagem – de determinada área. Após devidamente discutido com a comunidade e aprovado, torna-se instrumento estratégico de planejamento e gestão participativa. Segundo a Lei n. 11.445/2007, a prestação de serviços públicos de saneamento básico observará o plano, que abrangerá, no mínimo: I – diagnóstico da situação e de seus impactos nas condições de vida, utilizando sistema de indicadores sanitários, epidemiológicos, ambientais e socioeconômicos, apontando as causas das deficiências detectadas; II – objetivos e metas de curto, médio e longo prazos para a universalização, admitidas soluções graduais e progressivas, observando a compatibilidade com os demais planos setoriais; III – programas, projetos e ações necessárias para atingir os objetivos e as metas, de modo compatível com os respectivos planos plurianuais e com outros planos governamentais correlatos, identificando possíveis fontes de financiamento; IV – ações para emergências e contingências; e V – mecanismos e procedimentos para a avaliação sistemática da eficiência e eficácia das ações programadas.

Capítulo 3

Questões para revisão

1. c
2. c
3. d
4. Para proteger a rede de distribuição de água, os reservatórios e as caixas-d'água das residências de possíveis contaminações.
5.
   a) 138 L·hab^{-1}·d^{-1}.
   b) 599.777 unidades residenciais (economias).
   c) 1.775.840 curitibanos ÷ 599.777 economias ≈ 2,96 hab.
   d) [Q = N · q,], em que: Q = vazão; N = número de habitantes; q = consumo *per capita*.
      Q = 1.775.840 hab · 138 L · hab^{-1} · d^{-1} = 245.065.920 L · d^{-1}
   e) [Q = N q,] em que: Q = vazão; N = número de habitantes; q = consumo *per capita*.
      Q = 1.775.840 hab · 289 L · hab^{-1} · d^{-1} (Batel) = 513.217.760 L · d^{-1}

Capítulo 4

Questões para revisão

1. b
2. b
3. c
4. Serve para retirar sólidos grosseiros que podem provocar entupimentos de tubulações e danos às peças mecânicas existentes na ETE.
5. O que diferencia a equação da estimativa do consumo de água da equação da estimativa do esgoto produzido é o fato de nesta última serem acrescentadas uma vazão de infiltração das águas do lençol freático na tubulação de esgoto e uma vazão de esgoto industrial, se houver; por último, diminuem-se as águas utilizadas na edificação que não geraram esgoto em porcentagem (taxa de retorno).

Capítulo 5

Questões para revisão

1. b
2. d
3. d
4. As medidas estruturais em drenagem urbana são obras civis de infraestrutura, e as medidas não estruturais consistem em uma aplicação de instrumentos de planejamento urbano, sobretudo o uso e a ocupação do solo.
5. As equações IDF servem para estimar a intensidade da precipitação de acordo com dado tempo de recorrência e determinado período de precipitação. Dessa forma, pode-se calcular a vazão de águas pluviais a ser captada.

Capítulo 6

Questões para revisão

1. b
2. a
3. a
4. Na ausência de normatizações ambientais no país, é válida a utilização de regulamentações ambientais internacionais como base para o desenvolvimento dos próprios critérios nos âmbitos federal, estadual e municipal. Os critérios devem ser pautados na proteção à saúde coletiva e na proteção ao meio ambiente, em consonância com a capacidade de investimento e de pagamento das operadoras de sistemas e dos usuários, levando-se em conta as dimensões continentais do país e as distintas realidades físicas e culturais existentes. Legislações muito restritivas, como as da EPA, podem inibir investimentos e impossibilitar a implementação de ações nas regiões mais pobres do Brasil. Por outro lado, orientações técnicas e legais têm avançado no país. Em 28 de novembro de 2005, entrou em vigor a Resolução n. 54, do Conselho Nacional de Recursos Hídricos, que trata do reuso direto não potável de água. Essa resolução foi um dos primeiros passos no tratamento legal do reuso no Brasil, pois

estabeleceu modalidades para a prática de reuso direto não potável de água.

5. Diminuição do desvio de água doce dos ecossistemas: os setores industriais, agrícolas e urbanos podem suprir parte de suas demandas com água de reuso, captando menos água dos recursos naturais, assim contribuindo com a manutenção do meio ambiente. O desvio de água para esses usos causa deterioração de sua qualidade e desequilíbrio nos ecossistemas, pois plantas e animais dependem do fluxo e da qualidade da água para sua reprodução e sobrevivência.

   Diminuição da descarga de efluentes em corpos de água: o reuso de água pode suprir ou diminuir a necessidade de captação de água, além de eliminar ou diminuir o descarte de efluentes em corpos de água.

   Redução do uso de fertilizantes: o aproveitamento dos nutrientes encontrados nos esgotos, quando usados na irrigação, diminuem os impactos que os agrotóxicos causam no meio ambiente em razão da redução do uso de fertilizantes sintéticos na agricultura. Podem viabilizar o aumento da produtividade.

   Economia financeira nas indústrias: para a indústria, além das vantagens de diminuir o custo de produção pela redução do consumo de água e economia de energia, o reuso também diminui o custo do tratamento do efluente que seria descartado.

6. Gestão dos recursos hídricos: por meio de diversas medidas, é possível minimizar os impactos negativos sobre os recursos hídricos, preservando-os em qualidade e quantidade disponível.

Sobre os autores

Raquel Pinheiro Pompeo é engenheira química, mestre e doutora em Engenharia de Recursos Hídricos e Ambiental pela Universidade Federal do Paraná (UFPR). Foi pesquisadora do Programa de Pesquisa em Saneamento Básico (Prosab) e pesquisadora da Ação Transversal de Saneamento Ambiental e Habitação, da Rede Nacional de Pesquisa Tratamento de Lodo de Fossa Séptica (TILS), promovida pelo Ministério da Ciência e Tecnologia, pelo Ministério das Cidades e pela Financiadora de Estudos e Projetos (Finep). Tem experiência na área de engenharia sanitária e ambiental, atuando principalmente como consultora e pesquisadora nos seguintes temas: tratamento de esgotos sanitários, reuso de águas, gestão de resíduos sólidos urbanos e sustentabilidade.

Guilherme Samways é engenheiro ambiental e mestre em Engenharia de Recursos Hídricos e Ambiental pela Universidade Federal do Paraná (UFPR). Foi pesquisador do Programa de Pesquisa em Saneamento Básico (Prosab) e pesquisador da Ação Transversal de Saneamento Ambiental e Habitação, promovido pelo Ministério da Ciência e Tecnologia, Ministério das Cidades e Financiadora de Estudos e Projetos (Finep). Foi professor do curso de Tecnologia em Gestão Ambiental na Faculdade Evangélica do Paraná (Fepar). Também foi professor substituto na Universidade Tecnológica Federal do Paraná (UTFPR) nos cursos de graduação em Engenharia Civil, Arquitetura e Urbanismo e Tecnologia em Processos Ambientais. Foi membro diretor da Central de Água, Esgoto e Serviços Concedidos do Litoral do Paraná (Cagepar). Atuou como docente da Universidade Positivo no curso de graduação em Tecnologia em Gestão Ambiental. Tem experiência na área de Engenharia Sanitária, com ênfase em controle da poluição, atuando principalmente nos seguintes temas: engenharia ambiental, esgoto sanitário, bacias hidrográficas, tratamento de efluentes líquidos e efeitos da urbanização, hidrologia, hidráulica, gestão ambiental, gestão de resíduos sólidos, diagnóstico e avaliação de impactos ambientais.

Os papéis utilizados neste livro, certificados por instituições ambientais competentes, são recicláveis, provenientes de fontes renováveis e, portanto, um meio **respons**ável e natural de informação e conhecimento.

FSC
www.fsc.org
MISTO
Papel produzido
a partir de
fontes responsáveis
FSC® C103535

Impressão: Reproset
Novembro/2020